Weißlicht mit einstellbarer Farbtemperatur
auf Basis gestapelter und separat ansteuerbarer OLEDs

Weißlicht mit einstellbarer Farbtemperatur auf Basis gestapelter und separat ansteuerbarer OLEDs

Von der Fakultät für Elektrotechnik, Informationstechnik, Physik
der Technischen Universität Carolo-Wilhelmina zu Braunschweig

zur Erlangung der Würde eines
Doktor-Ingenieurs (Dr.-Ing.)
eingereichte

Dissertation

von Dipl.-Ing. Thomas Winkler
aus Wolfsburg

Eingereicht am: 24.10.2011
Mündliche Prüfung am: 20.03.2012

Berichterstatter: Prof. Dr.-Ing. W. Kowalsky
Prof. Dr. rer. nat. habil. A. Waag

2011

Bibliografische Information der Deutschen Nationalbibliothek
Die Deutsche Nationalbibliothek verzeichnet diese Publikation in der Deutschen Nationalbibliografie; detaillierte bibliografische Daten sind im Internet über http://dnb.d-nb.de abrufbar.
1. Aufl. - Göttingen : Cuvillier, 2012
Zugl.: (TU) Braunschweig, Univ., Diss., 2011

978-3-95404-107-7

Nonnenstieg 8, 37075 Göttingen
Telefon: 0551-54724-0
Telefax: 0551-54724-21
www.cuvillier.de

1. Auflage, 2012
Gedruckt auf säurefreiem Papier

978-3-95404-107-7

Vorwort

Die vorliegende Arbeit entstand während meiner Tätigkeit als wissenschaftlicher Mitarbeiter am Institut für Hochfrequenztechnik (IHF) der Technischen Universität Braunschweig. Die seit über einem Jahrzehnt, unter der Leitung von Prof. Dr.-Ing Wolfgang Kowalsky, am Institut etablierte Forschung an organischen Leuchtdioden (OLEDs) wurde in den vergangenen Jahren durch Forschungsfelder, wie beispielsweise transparente Elektronik, organische Laser und organische Solarzellen ergänzt. Daraus resultiert ein breites und interdisziplinäres Themenspektrum, welches schon während des Studiums großes Interesse bei mir weckte und schließlich in einer Promotion in dem Bereich der OLED-Forschung am IHF mündete.

Mein erster Dank gilt Herrn Prof. Dr.-Ing. Wolfgang Kowalsky für die Betreuung meiner Arbeit und die von ihm geschaffenen Möglichkeiten am Institut. Dazu gehören neben einer hervorragenden technologischen Ausstattung ebenso eigenverantwortliches Arbeiten, vielschichtige Projektarbeit sowie ein interdisziplinäres und kooperatives Kollegium.

Darüber hinaus danke ich Herrn Prof. rer. nat. habil. Andreas Waag für die Übernahme des Koreferats meiner Arbeit sowie Herrn Prof. Dr.-Ing Jörg Schöbel für die Übernahme des Vorsitzes der Prüfungskommission.

Für die ersten zwei Jahre meiner Promotion am IHF danke ich meinem ehemaligen Arbeitsgruppenleiter Herrn Prof. Dr. rer. nat. Thomas Riedl für die intensive wissenschaftliche Betreuung meiner Arbeit.
Weiterhin danke ich Herrn Dr. rer. nat. Hans-Hermann Johannes der als Arbeitsgruppenleiter die Betreuung meiner Arbeit in den letzten zweieinhalb Jahren meiner Zeit am IHF übernahm. Zahlreiche fachliche Diskussionen, viel Verständnis und nicht zuletzt die schneller Durchsicht meiner Arbeit leisteten einen wesentlichen Beitrag zum Gelingen meiner Arbeit.

Einen weiteren Anteil am Erfolg dieser Arbeit trägt das bereits erwähnte kollegiale Umfeld am IHF. Die Arbeit im Kreise fähiger und motivierter Mitarbeiter/innen am Institut hat mir stets Freude bereitet und mich viel gelehrt. An dieser Stelle sei auch allen Kollegen/innen gedankt die im Folgenden nicht explizit erwähnt werden.

Zunächst möchte ich Kornelia Novak und Christa Vogel für die Unterstützung bei diversen administrativen Belangen danken. Ein weiterer Dank geht an das Werkstatt-Team, durch dessen Einsatz die Realisierung vieler Experimente oftmals erst möglich wurde. Des Weiteren danke ich Kathleen Möhring und Justyna Rodziewicz für die unermüdliche Herstellung von Substraten sowie für die Synthese der organischen Materialien. Ich danke ebenso Ursula Heydecke. Bis zu ihrem Ausscheiden erleichterten ihre straffe und korrekte Organisation des Laboralltags sowie viele nützliche Tipps beruhend auf jahrzehntelanger Erfahrung nicht nur mir erheblich die Arbeit. Zu erwähnen ist in diesem Zuge auch *Ullas Kaffeerunde*, die einen wesentlichen Anteil an der Sozial-Kultur des IHF trägt.

An dieser Stelle möchte ich mich auch meine ehemaligen Kollegen Dr.-Ing. Jens Meyer und Dr.-Ing. Torsten Rabe großen bedanken. Beide gaben mir zu Beginn meiner Promotion viele nützliche Ratschläge mit auf den Weg. Ich danke ebenfalls den studentischen Mitarbeiten Dipl.-Ing. Tim Bülow, Dipl.-Ing. Slim Meftah und B.Sc. Fabian Nikolayzik ohne deren Mitwirkung einige der Ergebnisse meiner Arbeit sicher nicht zustande gekommen wären. Hervorheben möchte ich dabei Herrn B.Sc. Markus Krückemeier, der mich zum Ende meiner Promotion über seine Bachelorarbeit hinaus bei der Laborarbeit unterstützte.

Als eine Große Bereicherung des Arbeitsalltags auf fachlicher sowie menschlicher Ebene sind meine direkten Laborkollegen zu nennen - es war eine tolle Zeit mit Euch! Während meiner Zeit in der Schleinitzstraße hatten meine Bürokollegen Dipl.-Ing. Stephan Schmale und Dr.-Ing. Sami Hamwi auch in turbulenten Zeiten stets ein offenes Ohr für fachliche und persönliche Belange. Auch nach meinem Wechsel ins Labor für Elektrooptik ergab sich eine gewohnt vertrauensvolle Büroatmosphäre. Dafür danke ich Dipl.-Ing. Markus Tilgner, Dr.-Ing. Hassan Gargouri und Dipl.-Ing. Johannes Reinker. Hervorheben möchte ich dabei Dipl.-Phys. Holger Spahr mit dem ich neben dem Laboralltag auch viele Mittagspausen mit fachlichen sowie erfrischend sinnfreien Gesprächen verbrachte. Mein besonderer Dank gilt Herrn Dr.-Ing. Hans Schmidt für die sehr angenehme Zusammenarbeit in den letzten eineinhalb Jahren unserer Promotion und dafür, dass wir uns während unserer Schreibphase, die wir gemeinsam bestritten, so gut ergänzt haben. Ebenfalls möchte ich mich besonders bei Herrn Dr.-Ing. Sami Hamwi für alle Situationen bedanken, die wir gemeinsam während unserer Zeit am IHF gemeistert haben.

Den Schluss dieses Vorwortes möchte ich den wichtigsten Menschen in meinem Leben widmen - meiner Familie und meinen Freunden. Meinen Eltern Bernd und Karin Winkler gebührt mein größter Dank dafür, dass sie mich stets mit großer Hingabe in allen Lebensphasen unterstützt und bestärkt haben und mir somit viel Sicherheit und Vertrauen mit auf den Weg gegeben haben. Meinen Schwiegereltern Dierk und Annegret Hage danke ich aufrichtig für jegliche Art von Zuwendung und Unterstützung, die sie uns in den vergangenen Jahren haben zukommen lassen. Ohne Euer aller Vertrauen und Eure Mithilfe wäre ich - wären wir nicht da, wo wir heute stehen - Danke!

Mein letzter und innigster Dank gilt meiner Frau Anne Hage sowie unseren drei Kindern. Es war oftmals nicht einfach Arbeit und Familie miteinander zu vereinbaren. Ihr habt immer wieder für eine belebende Distanz zwischen mir und meiner Arbeit gesorgt und mir damit auch aufgezeigt was im Leben letztlich wichtig ist. Ihr seid immer mein stärkster Antrieb gewesen. Anne, ich bin stolz und glücklich Dich an meiner Seite zu haben - ich liebe Dich - ich liebe Euch!

Braunschweig, im April 2012

** Für Lena, Moritz und Greta **

Kurzfassung

In einer organischen Leuchtdiode (OLED) erfolgt die Weißlichterzeugung durch Überlagerung der Emissionsspektren verschiedener organischer Emittermaterialien. Dazu sind mindestens zwei Komplementärfarben erforderlich. Ein solches Zweifarb-Weiß weist einen geringen Farbwiedergabeindex (engl. color rendering index, CRI) von <70 auf. Durch die Verwendung von mehreren Farben kann jedoch theoretisch ein CRI von >90 erreicht werden. Diese sehr gute Farbwiedergabe sowie die flächige Lichtemission macht die OLED-Technologie sowohl für die Raumbeleuchtung, als auch für spezielle Beleuchtungszwecke, wie beispielsweise medizinische Untersuchungsleuchten attraktiv. In diesem Anwendungsfeld wird zusätzlich eine einstellbare Farbtemperatur entlang der Planck-Kurve während des Betriebs der Leuchte gefordert. Die aktuell verfügbaren OLED-Lichtquellen bieten diese Möglichkeit jedoch zur Zeit noch nicht.

In der vorliegenden Arbeit wird daher ein Konzept zur Realisierung farbabstimmbarer Weißlicht-OLEDs für Raumbeleuchtung und medizinische Beleuchtungszwecke vorgestellt. Durch vertikales Stapeln zweier OLED-Strukturen mit einer kontaktierbaren Zwischenschicht (Mitten-Elektrode) wird eine separate Ansteuerung der einzelnen OLEDs und somit die Variation der Intensität spezifischer spektraler Anteile im Gesamtspektrum ermöglicht. Für eine tangentiale Annäherung an die Planck-Kurve sind die zwei Komplementärfarben orange und blau erforderlich. Es werden daher zunächst OLED-Strukturen auf Basis von phosphoreszenten roten und gelben Emittermaterialien sowie deren Kombination zu einer hocheffizienten orange emittierenden OLED gezeigt. Des Weiteren wird eine effiziente blau emittierende OLED auf Basis eines fluoreszenten Emittermaterials vorgestellt.

Eine besondere Bedeutung bei der Realisierung einer gestapelten, farbabstimmbaren Weißlicht-OLED entfällt auf die Mitten-Elektrode. Diese muss nicht nur transparent und leitfähig sein, zugleich muss eine zerstörungsfreie Deposition des Elektrodenmaterials auf den organischen Schichten gewährleistet sein. Daher werden dünne (semi)transparente Aluminium- und Silberfilme sowie transparente Indium-Zinn-Oxid (ITO)- und Zink-Zinn-Oxid (ZTO)-Filme detailliert bezüglich ihrer optischen, elektrischen und strukturellen Eigenschaften untersucht. Des Weiteren wird im Rahmen dieser Untersuchungen eine hochleitfähige und transparente Mehrschicht-Elektrode auf der Basis von ZTO/Ag/ZTO (ZAZ) entwickelt. Anhand einer top-emittierenden OLED mit einer bifunktionalen Auskopplungsschicht wird eine dünne Aluminiumschicht als effiziente Top-Elektrode präsentiert. Eine effiziente transparente OLED wird durch die Verwendung der ZAZ-Elektrode realisiert. Auf Grundlage der erlangten Erkenntnisse werden schließlich gestapelte farbabstimmbare Weißlicht-OLEDs gezeigt, die einen hohen CRI von 86 aufweisen und deren Farbtemperatur entlang der Planck-Kurve von 4000 K bis 5000 K stufenlos einstellbar ist. Die aktive Fläche dieser Bauelemente von 1 cm^2 wird abschließend auf eine Größe von 11 cm^2 skaliert.

Abstract

In organic light emitting diodes (OLED) white light is generated by superposition of the emission spectra of several organic materials. At least mixing of two complementary colors is required to achieve a white color impression. However, such a two color based white emitting device exhibits a low color rendering index (CRI) of <70. In theory, a high CRI of >90 can be achieved by using multiple emitter materials with different colors. Those excellent color rendering as well as the plane light emission make the OLED technology attractive for special purpose of illumination such as medical examination lamps. In high-end medical lighting applications tuning of the color temperatur of the lamp along the black body curve is desirable. However, this feature is not yet supported by the currently available white light emitting OLEDs.

The present work deals with the realization of a color tunable white light emitting OLED for lighting and medical examination lamps. Vertical stacking of two OLEDs by using a conductive interlayer (middle-electrode) enables the variation of defined spectral areas of the superimposed spectrum. A tangential approximation of the black body curve requires the superposition of the two complementary colors blue and orange. Therefore, OLEDs based on phosphorescent yellow and red emitter materials as well as an efficient combination of these two colors resulting in a highly efficient orange emitting OLED will be shown. Furthermore, OLEDs based on a fluorescent blue emitter material will be presented.

A special importance regarding the realization of stacked, color tunable white-light-OLEDs is attached to the middle-electrode. Those electrodes do not only have to be conductive and transparent, concomitantly it has to be assured a destructive free deposition on top of the underlying organic layers. Therefore (semi)transparent films of aluminum and silver as well as transparent films of indium-tin-oxide (ITO) and zinc-tin-oxide (ZTO) concerning their optical, structural and electrical properties will be studied in detail. Within the framework of these investigations a highly conductive and transparent multilayer elctrode based on ZTO/Ag/ZTO (ZAZ) will be presented. Using a semitransparent Al-Film with a thickness of 18 nm as efficient top electrode a top emitting OLED with a bifunctional outcoupling layer will be shown. An efficient transparent OLED will be realized by using the ZAZ multilayer as top electrode. Consequently the obtained results were used for realization of a stacked, color tunable white light emitting OLED. These devices exhibit a high CRI of 86, a continuously tunable color temperature in the range from 4000 K to 5000 K. Concluding, the active area of the devices will be upscaled from 1 cm^2 to 11 cm^2.

Inhaltsverzeichnis

Kapitel 1

Einleitung

Ein fester Bestandteil der allgemeinen Raumbeleuchtung ist seit nunmehr über einem Jahrhundert die Glühlampe. Diese erzeugt aufgrund ihrer Eigenschaft als Temperaturstrahler ein kontinuierliches Emissionsspektrum mit einem Emissionsmaximum im infraroten Spektralbereich. Daraus resultiert schließlich auch ihr größter Nachteil. Aufgrund der hohen thermischen Verluste wandelt die Glühlampe nur etwa 5 % der ihr zugeführten elektrischen Energie in Licht um und weist somit eine dementsprechend geringe Leistungseffizienz von etwa 10 lm/W auf. Im Sinne der begrenzten Rohstoffvorkommen zur Energiegewinnung wurden in den vergangenen Jahren zahlreiche effizientere Alternativen zur Raumbeleuchtung, wie beispielsweise die Fluoreszenzlampe oder die Halogenlampe entwickelt. Darüber hinaus werden aktuell Beleuchtungsanwendungen auf Basis anorganischer Leuchtdioden realisiert. Neben dem Vorteil einer höheren Leistungseffizienz dieser alternativen Lichtquellen gegenüber einer Glühlampe ergeben sich jedoch abhängig von der Art der Lichterzeugung auch Nachteile, wie beispielsweise eine unnatürliche Farbwiedergabe oder eine für den Menschen unangenehme oder gar gesundheitsschädliche Lichtfarbe [1]. Ein zusätzlicher Nachteil, der allen genannten Lichtquellen gemein ist, ist ihre Eigenschaft das Licht von einem Punkt oder einer Linie zu emittieren. Sie werden daher als Punkt- oder Linienlichtquellen bezeichnet. Eine flächige Abstrahlung des Lichts ist bei diesen Lichtquellen nur durch aufwendige optische Maßnahmen realisierbar, die zusätzlich die Effizienz der Lichtquelle verringern.

1.1 Weiß emittierende organische Leuchtdioden

Organische Leuchtdioden (OLEDs) bestehen aus Schichten thermisch evaporierter oder aus einer Lösung abgeschiedener organischer Materialien, die zwischen einer transparenten und in der Regel einer reflektiven Elektrode eingebettet sind. Die organischen Bauelemente sind nur einige 100 nm dick und können theoretisch auf einer beliebig großen Substratfläche abgeschieden werden. Das in der OLED generierte Licht wird durch das Substrat, üblicherweise mit Indium-Zinn-Oxid (ITO) beschichtetes Glas, homogen über die gesamte beschichtete Fläche abgestrahlt. Mit OLEDs auf der Basis thermisch evaporierter organischer Materialien wurden 1987 erstmals organische elektrolumineszente Dünnschichtstrukturen gezeigt, die das Potential für eine Verwendung als Raumbeleuchtung besaßen [2]. Die von Tang und Van Slyke vorgestellten OLEDs emittierten Licht im grünen Spektralbereich mit einer geringen Leistungeffizienz von 1,5 lm/W. In den folgenden Jahren wurde eine Vielzahl an organischen Emittermaterialien entwickelt, mit deren Emissionsspektren mittlerweile der gesamten sichtbaren Spektralbereich abgedeckt werden kann. Im Rahmen der Materialentwicklung konnten zudem, erhebliche Fortschritte bezüglich der Effizienz erzielt werden [3]. Durch die Verwendung phosphoreszenter Farbstoffe konnten Baldo et al. erstmals eine grün emittierende OLED mit einer Leistungseffizienz von 30 lm/W zeigen. Da die Emissionsspektren organischer Emittermaterialien nicht beliebig breit sind, müssen für die Erzeugung eines breiten Spektrums mit weißem Farbeindruck mehrere Emissionsspektren verschiedener Emittermaterialien überlagert werden. Die Eigenschaft der organischen Dünnfilme, im sichtbaren Spektralbereich des Lichts transparent zu sein, bietet die Möglichkeit einzelne Emissionsfilme oder komplette OLED-Strukturen vertikal zu stapeln [4]. Durch die Verwendung mehrerer Emittersysteme oder OLED-Strukturen kann so ein nahezu beliebig breites kontinuierliches Spektrum erzeugt werden, das neben einer für den Menschen angenehmen Lichtfarbe auch einen hohen Farbwiedergabeindex (engl. color rendering index, CRI) von >85 aufweisen kann [5]. Schwartz et al. konnten durch die Überlagerung von drei Emissionsspektren einen CRI >85 bei einem CIE-Farbort (franz. Commission Internationale de l'Éclairage, CIE) von $x = 0{,}4$ und $y = 0{,}46$ erreichen. Ein hoher Farbwiedergabeindex macht die OLED-Technologie, neben den bereits genannten Vorteilen einer flächigen Lichtemission sowie einer hohen Leistungseffizienz, auch für spezielle Beleuchtungsanwendungen, wie beispielsweise medizinische Leuchten, attraktiv. In diesem Bereich ist jedoch zusätzlich eine Variation der Lichtfarbe entlang der Planck-Kurve in einem definierten Farbtemperaturbereich während des Betriebs der Leuchte erwünscht. Das bereits genannte Konzept der gestapelten OLEDs bietet zwar die Möglichkeit eine Weißlicht-OLED mit einer beliebigen Lichtfarbe herzustellen, nicht aber die Lichtfarbe während des Betriebs der OLED zu variieren. Diese Möglichkeit ist nur gegeben, wenn die Helligkeit der Einzel-OLEDs des Stapels separat eingestellt werden kann. Burrows et al. stellten erstmals 1996 ein OLED-Pixel für Displayanwendungen vor, das aus separat ansteuerbaren übereinandergestapelten rot, grün und blau emittierenden OLEDs bestand und eine Variation der Lichtfarbe in einem definierten Farbbereich ermöglichte [6]. Die für Beleuchtungsanwendungen geforderte tangentiale Annäherung an die Planck-Kurve ist theoretisch jedoch auch mit einer zweifach gestapelten Struktur durch die Überlagerung zweier Komplementärfarben möglich. Abbildung 1.1 zeigt schematisch eine solche zweifach gestapelte Struktur mit separat ansteuerbaren Einzel-OLEDs. Eine zentrale Rolle bei der Realisierung einer farbabstimmbaren Weißlicht-OLED ist der Mitten-Elektrode zwischen zwei gestapelten OLEDs zuzuweisen. Das verwendete Elektrodenmaterial muss leitfähig und transparent sein und zugleich eine zerstörungsfreie Deposition auf den organischen Schichten gewährleisten. Von einigen Arbeitsgruppen konnten bereits OLEDs mit einer transparenten TCO-Schicht als Top-Elektrode bestehend aus transparenten leitfähigen Oxiden (engl. transparent conductive oxide, TCO), wie beispielsweise ITO, gezeigt werden [7,8]. Es ist jedoch unumstritten, dass die für TCOs bevorzugte Sputter-Deposition auf einer OLED ein gewisses Gefährdungspotential für das darunterliegende organische Bauelement beinhaltet. Für top-emittierende OLEDs werden üblicherweise dünne semitransparente Aluminium- oder Silberfilme als Top-Elektrode verwendet [9]. Diese weisen jedoch bei einer relevanten Schichtdicke von etwa 20 nm nur eine Transparenz von etwa 20 % auf. Mehrschichtsysteme, bestehend aus einer zwischen zwei TCO-Schichten eingebetteten Metall-Schicht, kombinieren die gute Leitfähigkeit von Metallen mit der hohen Transmittanz von TCOs und stellen daher eine Alternative zu den etablierten Top-Elektroden dar [10]. Entsprechend den hohen Anforderungen an eine gestapelte farbabstimmbare Weißlicht-OLED für medizinische Leuchten sind folglich die Evaluation geeigneter Emittermaterialien, OLED-Strukturen und Elektrodenmaterialien für die Mitten-Elektrode sowie die Konfiguration der gestapelten Struktur die elementaren Herausforderungen.

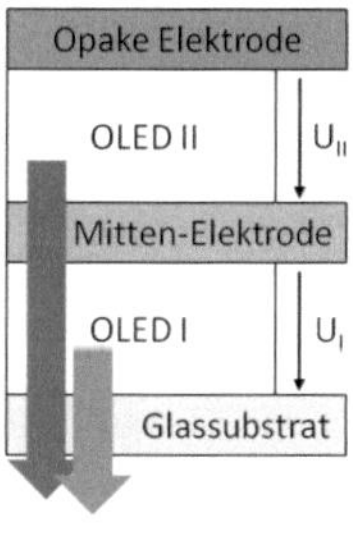

Abbildung 1.1: Prinzipskizze einer gestapelten OLED-Struktur mit Mitten-Elektrode und separat ansteuerbaren Einzel-OLEDs zur Weißlicht-Erzeugung.

1.2 Zielsetzung und Gliederung

In dieser Arbeit werden insbesondere einzelne OLED-Strukturen sowie Konzepte zur Realisierung einer (semi)transparenten Top-Elektrode auf OLEDs hinsichtlich gestapelter farbabstimmbarer Weißlicht-OLEDs untersucht und diskutiert. Das Ziel dieser Untersuchungen ist die Entwicklung einer OLED-Struktur, die während des Betriebs eine Variation der Lichtfarbe entlang der Planck-Kurve in einem definierten Farbtemperaturbereich erlaubt und zudem spezifischen Anforderungen bezüglich einer Anwendung in der Medizintechnik genügt.

Im zweiten Kapitel werden die für ein näheres Verständnis des Funktionsprinzips einer OLED relevanten physikalischen Grundlagen organischer Halbleitermaterialien erläutert. Darüber hinaus wird das optische Verhalten von Dünnschichtstrukturen, insbesondere der Mikrokavitäten innerhalb der OLED und deren Einfluss auf das aus der OLED ausgekoppelten Lichts beschrieben. Ein kurzer Einblick in die Farbmetrik schließt das zweite Kapitel ab.

Das dritte Kapitel beschreibt die in der vorliegenden Arbeit angewendete Technologie. Neben den für diese Arbeit relevanten Dünnschichtdepositionsverfahren wird der Herstellungsprozess einer OLED beschrieben. Des Weiteren werden die analytischen Verfahren zur Charakterisierung der hergestellten OLED- und Dünnschichtstrukturen vorgestellt.

Die für die Entwicklung einer farbabstimmbaren Weißlicht OLED zu beachtenden Randbedingungen sowie die Anforderungen an eine solche Struktur im Hinblick auf Spezialanwendungen, wie beispielsweise medizinische Leuchten, werden zu Beginn des vierten Kapitels definiert. Auf der Basis dieser Anforderungen werden organische Emittermaterialien ausgewählt und anhand von spezifischen OLED-Strukturen untersucht. Die gewonnenen Erkenntnisse werden schließlich bezüglich der definierten Anforderungen diskutiert.

Konzepte zur Realisierung einer (semi)transparenten Top-Elektrode auf einer OLED-Struktur werden im fünften Kapitel vorgestellt. Im Speziellen werden dort die optischen und elektrischen Eigenschaften metallischer und oxidbasierter Schichten untersucht. Darüber hinaus wird eine Mehrschicht-Elektrode evaluiert, die die Vorteile metallischer und oxidbasierter Materialien kombiniert. Weiterführend werden die beschriebenen Elektrodenkonzepte bezüglich der Deposition auf organischen Bauelementen untersucht und anhand von top-emittierenden und transparenten OLEDs verglichen und diskutiert.

Auf der Basis der Untersuchungen der vorherigen Kapitel wird in Kapitel sechs die Realisierung einer farbabstimmbaren Weißlicht-OLED mit den, für eine medizinische Anwendung geforderten, Spezifikationen beschrieben. Neben der detaillierten Charakterisierung dieser Strukturen werden Optimierungsansätze vorgestellt. Schließlich erfolgt eine Skalierung der aktiven Fläche auf eine praxisrelevante Größe. Die damit verbundenen Herausforderungen werden aufgezeigt und Lösungsansätze präsentiert.

Abschließend erfolgt in Kapitel sieben eine Zusammenfassung der wichtigsten Ergebnisse und Erkenntnisse der vorliegenden Arbeit.

Kapitel 2

Physikalische Grundlagen

Im folgenden Kapitel werden die physikalischen Grundlagen organischer Halbleitermaterialien bezüglich des Ladungstransports und der Lichterzeugung erläutert. Darauf aufbauend wird das grundlegende Funktionsprinzip einer organischen Leuchtdiode (OLED) beschrieben. Die anschließende Betrachtung der optischen Effekte innerhalb verschiedener Dünnschichtstrukturen gibt einen kurzen Einblick in die für diese Arbeit relevanten Zusammenhänge der Strahlen- bzw. Wellenoptik.

2.1 Organische Halbleitermaterialien

Vergleichbar zu anorganischen weisen auch organische Halbleitermaterialien eine spezifische elektrische Leitfähigkeit auf und können zudem Licht emittieren. Darüber hinaus absorbieren organische Halbleitermaterialien das Licht im UV-Bereich und sind zumeist im sichtbaren Spektralbereich des Lichts transparent. Aus dieser für Halbleitermaterialien einzigartigen Eigenschaft resultieren Anwendungsfelder, wie beispielsweise transparente Lichtquellen, die mit anorganischen Halbleitermaterialien nicht zu realisieren sind.

2.1.1 Aufbau organischer Moleküle

Die Moleküle organischer Halbleitermaterialien basieren in der Regel auf Kohlenstoffverbindungen mit konjugierten Doppelbindungen. Die beteiligten Kohlenstoffatome sind in hexagonalen Strukturen angeordnet. Organische Moleküle können zu langkettigen Polymeren (engl. polymer) sowie zu kleinen, kompakten Molekülen (engl. small molecules) synthetisiert werden. Es ergibt sich daraus eine Gliederung der organischen Halbleitermaterialien in zwei grundlegende Klassen, die sich im Wesentlichen durch ihre Molekülgröße und somit durch das verwendete Depositionsverfahren unterscheiden. Die langkettigen Polymere werden in erster Linie aus Lösung mittels Drucktechniken oder Spin-Coating abgeschieden [11, 12]. Kleine Moleküle werden im Vakuum aus der Gasphase abgeschieden [2]. In der vorliegenden Arbeit wurden ausschließlich Materialien auf Basis der kleinen Moleküle verwendet. Voraussetzung für den Ladungstransport in organischen Halbleitern ist der Überlapp der π^*-Orbitale benachbarter sp^2-hybridisierter Kohlenstoffatome. Bei der sp^2-Hybridisierung des Kohlenstoffatoms bilden drei der vier Valenzelektronen drei identische sp^2-Hybridorbitale, die in einer Ebene liegen und deren Achsen jeweils einen Winkel von 120° einschließen. Das vierte Valenzelektron besetzt das p_z-Orbital, das senkrecht zu dieser Ebene steht. Abbildung 2.1 zeigt ein nicht hybridisiertes Kohlenstoffatom (a), ein sp^2-hybridisiertes Kohlenstoffatom (b) sowie zwei benachbarte sp^2-Kohlenstoffatome mit den resultierenden σ- und π-Bindungen (c). Das große Überlappungsintegral der sp^2-Hybridorbitale zweier benachbarter Kohlenstoffatome, dargestellt in Abbildung 2.1 c) führt zu einer kovalenten σ-Bindung. Die Aufenthaltswahrscheinlichkeit der σ-Elektronen ist entlang der Verbindungslinie zwischen den beteiligten Kohlenstoffatomen am größten und somit stark lokalisiert. Aus dem kleinen Überlappungsintegral der nicht hybridisierten p_z-Orbitale der benachbarten Kohlenstoffatome folgt eine π-Bindung. Im Gegensatz zu den σ-Elektronen sind die π-Elektronen aufgrund des geringeren Orbitalüberlapps stark delokalisiert. Darüber hinaus resultieren aus der Superposition der p_z-Orbitale bindende π- und anti-bindenden π^*-Zustände der p_z-Elektronen. Von den delokalisierten Elektronen werden zunächst die energetisch niedrigsten bindenden π-Zustände besetzt. Die energetisch höchsten anti-bindenden π^*-Zustände bleiben zunächst unbesetzt. Die energetisch höchsten besetzten π-Zustände des Moleküls werden daher als HOMO (engl. highest occupied molecular orbital) und die energetisch niedrigsten unbesetzten π^*-Zustände des Moleküls als LUMO (engl. lowest unoccupied molecular orbital) bezeichnet. Diese Ener-

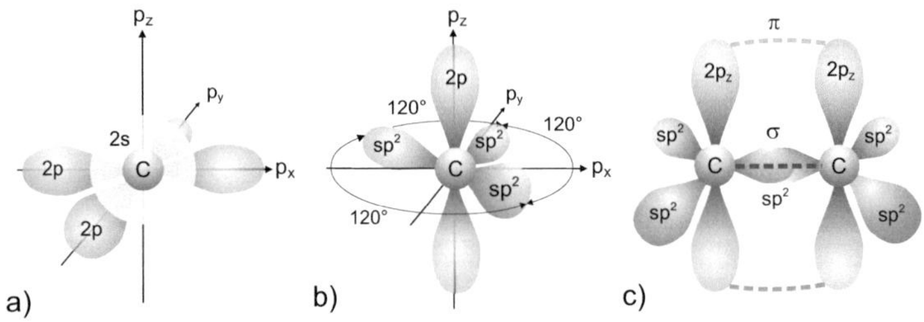

Abbildung 2.1: a) Nicht hybridisiertes Kohlenstoffatom; b) hybridisiertes Kohlenstoffatom; c) zwei benachbarte Kohlenstoffatome mit den resultierenden σ- und π-Bindungen.

giezustände in organischen Halbleitermaterialien sind vergleichbar mit dem Bändermodell in anorganischen Halbleitern.

2.1.2 Ladungsträgertransport

In amorphen organischen Halbleitern sind aufgrund des geringen Überlapps der π-Orbitale benachbarter Moleküle die besetzten und unbesetzten Zustände stark auf jedes Molekül lokalisiert. Die Folge dieser Lokalisierung ist eine Polarisierung des Moleküls und der umgebenden nächsten Nachbarn. Der Transport von Elektronen bzw. Löchern von einem Molekül auf das nächste kann durch Hüpfprozesse beschrieben werden. Bei einem Hüpftransport (engl. hopping transport) eines Elektrons bzw. Loches wird nach Bässler et al. ebenso der Ionisierungszustand des Moleküls sowie dessen Relaxationsenergie übertragen [13]. Diese Ladungsträger werden daher als Polaronen bezeichnet. Die Beweglichkeit der Polaronen im amorphen organischen Festkörpern wurde von Gill et al. in Anlehnung an den Poole-Frenkel-Effekt empirisch zu [14]:

$$\mu(T,\, E) = \mu_0 \exp\left(-\frac{\Delta W - \beta\sqrt{E}}{k_B\, T_{\text{eff}}}\right) \tag{2.1}$$

bestimmt wobei μ_0 die Ladungsträgerbeweglichkeit ohne externes elektrisches Feld, β den Feldaktivierungsfaktor und T_{eff} die empirisch ermittelte tatsächliche Temperatur des Materials darstellt. Nach Gleichung 2.1 ist μ nicht konstant sondern von der Temperatur T und der elektrischen Feldstärke E abhängig. Darüber hinaus ist eine große Ladungsträgerbeweglichkeit bei einem hohen Überlappungsgrad der π-Orbitalsysteme benachbarter Moleküle zu erreichen. Dies ist besonders bei Materialien bestehend aus koplanaren Molekülen erfüllt. Die typischerweise in OLEDs verwendeten Materialien weisen Ladungsträgerbeweglichkeiten von 10^{-7} cm^2/Vs bis 10^{-3} cm^2/Vs auf [15, 16].

Der Strom, der durch einen organischen Halbleiter fließt, kann durch Injektionsbarrieren oder den Transport im organischen Festkörper limitiert sein. Für geringe externe Feldstärken dominiert der Anteil der intrinsischen Ladungsträger gegenüber den injizierten Ladungsträgern. Es ergibt sich ein ohmscher Zusammenhang der Stromdichte J und der Spannung U in der Form:

$$J = q\mu n_0 \frac{U}{d} \tag{2.2}$$

wobei q die Elementarladung, μ die Ladungsträgerbeweglichkeit und n_0 die intrinsische Ladungsträgerdichte bezeichnet. Die Dicke der organischen Schicht ist mit d berücksichtigt.

Mit ansteigender Feldstärke erhöht sich die Zahl injizierter Ladungsträger und es folgt, aufgrund der geringen Ladungsträgerbeweglichkeit, die Ausbildung einer Raumladungszone in der Nähe der Injektionskontakte. Unter der Annahme einer ohmschen Kontaktierung und der Vernachlässigung von Fallenzuständen im organischen Material kann der raumladungsbegrenzte Strom (engl. space-charge limited current, SCLC) nach der Mott-Gurney-Beziehung berechnet werden:

$$J = \frac{9}{8}\epsilon\mu\frac{U^2}{d^3}. \tag{2.3}$$

Die Permittivität des organischen Materials ist durch $\epsilon = \epsilon_0\epsilon_\mathrm{r}$ gegeben. Unter realen Bedingungen führt jedoch eine Vielzahl von Fallenzustände innerhalb des organischen Films zu einer zusätzlichen Limitierung des SCLC. Die Anpassung an den real wirkenden SCLC erfolgt durch eine Modifikation der Mott-Gurney-Beziehung aus Gleichung 2.3 in der Form [17,18]:

$$J = \frac{9}{8}\epsilon\mu_0^*\frac{U^2}{d^3}\exp\left(0{,}89\beta\sqrt{\frac{U}{d}}\right), \tag{2.4}$$

mit μ_0^* als Ladungsträgermobilität bei der Feldstärke null.

2.1.3 Photophysikalische Prozesse in organischen Molekülen

Organischer Moleküle können beispielsweise optisch durch die Absorption von Licht oder elektrisch durch Anlegen eines äußeren Feldes angeregt werden. Die Relaxation in den Grundzustand erfolgt entweder strahlend durch das Aussenden von Photonen oder nichtstrahlend durch Schwingungen, also durch die Abgabe thermischer Energie. Die möglichen molekülinternen energetischen Übergänge der π-Elektronen werden mit Hilfe des in Abbildung 2.2 dargestellten Jablonski-Diagramms beschrieben. Aufgrund unterschiedlicher Spin-Multiplizität wird grundsätzlich zwischen zwei Klassen von Anregungszuständen unterschieden. Im Singulett-Zustand (S) weisen die paarweise im äußeren Orbital des Moleküls vorhandenen Elektronen eine antiparallele Spinausrichtung auf. Im Triplett-Zustand (T) hingegen zeigen die π-Elektronen eine parallele Spinausrichtung. Übergänge zwischen Zuständen gleicher Spin-Multiplizität sind wegen einer geringen Spin-Bahnkopplung der Elektronen sehr wahrscheinlich und werden daher als „spinerlaubt“ bezeichnet. Übergänge zwischen Zuständen unterschiedlicher Spin-Multiplizität hingegen sind sehr unwahrscheinlich und werden daher als „spinverboten“ bezeichnet. Erst durch die Anwesenheit schwerer Metallatome, deren Elektronen eine hohe Spin-Bahnkopplung aufweisen, wird der verbotene Übergang zwischen beiden Zuständen ermöglicht. Auf diese Weise werden strahlende und nichtstrahlende

S-Übergänge in strahlende T-Übergänge umgewandelt und somit das Verhältnis der angeregten Zustände zu den emittierten Photonen im Material erhöht. Die in OLEDs verwendeten Metallkomplexe basieren häufig auf Iridium und werden als Triplett-Emitter oder phosphoreszente Emitter bezeichnet. Einer der bekanntesten Triplett-Emitter ist das im grünen Spektralbereich emittierende $Ir(ppy)_3$ [19]. Die grundlegenden photophysikalischen Prozesse innerhalb eines Moleküls sind im Folgenden aufgelistet (vgl. Abbildung 2.2):

- Absorption: optische Anregung von dem S-Grundzustand (S_0) in einer energetisch höheren S-Zustand (S_n).
- Interne Konversion: nichtstrahlende Übergänge (thermische Schwingungsrelaxation).
- ISC (engl. intersystem crossing): nichtstrahlende Übergänge zwischen S- und T-Zuständen.
- Fluoreszenz: Strahlende Übergänge von einem S- in einen S-Zustand.
- Phosphoreszenz: Strahlende Übergänge von einem T- in den S_0-Zustand. Dieser Prozess wird durch eine hohe Spin-Bahn-Kopplung begünstigt.

Spinerlaubte Übergänge, wie beispielsweise die Fluoreszenz, haben eine hohe Übergangswahrscheinlichkeit. Die angeregten S-Zustände weisen daher am Beispiel von Alq_3 eine geringe Lebensdauer von etwa 10^{-9} s auf [20]. Angeregte T-Zustände hingegen zeigen aufgrund der geringen Übergangswahrscheinlichkeiten der spinverbotenen Phosphoreszenz beispielsweise beim $Ir(ppy)_3$ hohe Lebensdauern von etwa 10^{-6} s [21]. Aufgrund ihrer Lebensdauer können sich Exzitonen innerhalb der Emissionsschicht bzw. innerhalb des organischen Bauelements bewegen. Diese Diffusion macht die Lokalisierung der Exzitonen auf die Emissionsschicht zwingend notwendig [22].

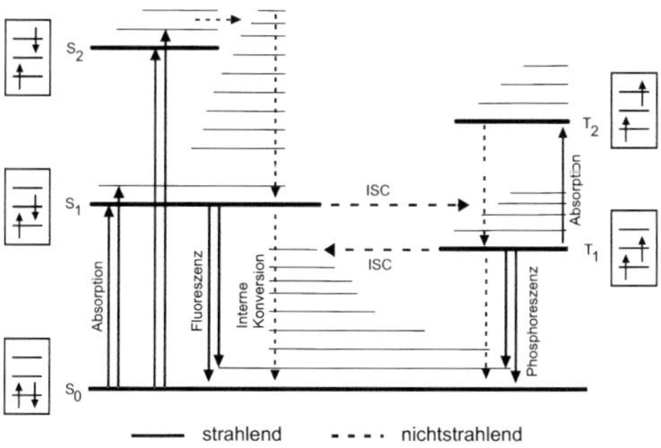

Abbildung 2.2: Schematische Darstellung der Energieniveaus und Übergänge im organischen Molekül anhand des Jablonski-Diagramms.

Die optische Anregung des S_0-Zustandes in den S_1-Zustand und die folgende spinerlaubte Relaxation unter Aussendung eines Photons ist in Abbildung 2.3 anhand des Franck-Condon-Prinzips beschrieben [23]. Diese Darstellung bezieht sich auf ein Molekül mit zwei Atomkernen. Die horizontalen Linien deuten die Sub-Energieniveaus der S-Zustände an. Die Relaxation innerhalb dieser Energieniveaus erfolgt vibronisch, also nicht strahlend. Bei der Anregung des S_0-Zustandes in einen S_1-Zustand vergrößert sich der Abstand zwischen den Atomkernen. Im Vergleich zur Zeitdauer der Änderung des Kernabstands von etwa 10^{-13} s erfolgt die Zustandsänderung mit einer Zeitdauer von etwa 10^{-15} s schneller [24]. Zustandsänderungen ereignen sich folglich nach dem Franck-Condon-Prinzip immer in vertikaler Richtung [25, 26]. Das Elektron relaxiert daraufhin innerhalb des S_1-Zustandes vibronisch. Unter Aussendung eines Photons erfolgt die Relaxation aufgrund der veränderten Kerngeometrie in einen höheren S_0-Zustand. Die Photonenenergie ist demnach geringer als die Anregungsenergie. Daraus folgt eine Verschiebung des Emissionsspektrums gegenüber dem Absorptionsspektrum zu größeren Wellenlängen, die auch als Stokes-Shift bezeichnet wird [27]. Organische Halbleitermaterialien absorbieren im UV-Bereich und sind zumeist im sichtbaren Spektralbereich des Lichts transparent.

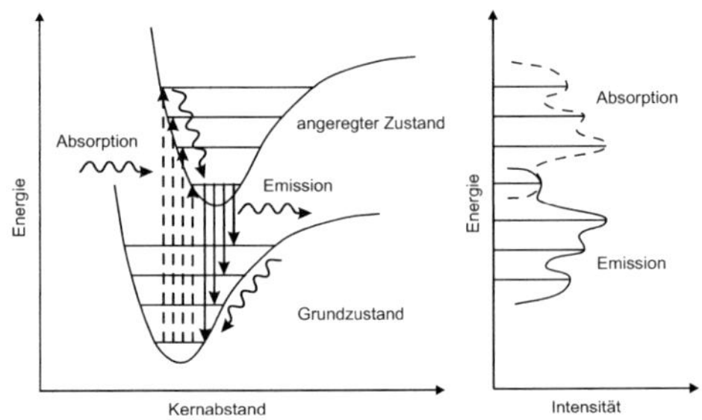

Abbildung 2.3: Elektronische Energie- und Schwingungszustände eines Moleküls mit zwei Atomkernen nach dem Franck-Condon-Prinzip.

2.1.4 Intermolekularer Energietransfer bei der Farbstoff-Dotierung

Emissionsschichten bestehen zumeist aus einem Wirts- oder Matrixmaterial und einem in geringerer Konzentration eingebrachten Gast- oder Emittermaterial. Die eindotierten Emittermoleküle wirken im Fall eines Ladungstransfers wie kontrolliert eingebrachte elektronische

Fallenzustände. Dazu müssen sich das LUMO und/oder das HOMO des Emittermoleküls (Akzeptor, A) innerhalb der energetischen Bandlücke des Matrixmaterials (Donator, D) befinden. Wird ein Ladungsträger eingefangen, so wird aufgrund der Coulombschen Wechselwirkung mit einem gegenpoligen Partner ein Exziton gebildet. Neben dem trivialen Energieaustausch von Wirt- und Gastmolekül, der auf Emissions- und Reabsorbtionsprozessen beruht, existieren zwei weitere Energieübertragungsmechanismen.

Förster-Transfer

Der Förster-Transfer basiert auf der klassischen Dipol-Dipol-Wechselwirkung zwischen Donator- und Akzeptormolekül. Durch Coulomb-Wechselwirkung induziert das oszillierende elektrische Feld des angeregten Donatormoleküls D^* eine resonante Schwingung des Akzeptormoleküls A. Der Energietransfer zwischen beiden Molekülen erfolgt demnach ohne Ladungsaustausch. Da aus einer Coulombschen Wechselwirkung immer die Beibehaltung des Spins folgt, sind nur S-Übergänge möglich und der Energietransfer kann wie folgt beschrieben werden:

$$^{S}D^* + {}^{S}A \rightarrow {}^{S}D + {}^{S}A^*. \tag{2.5}$$

Die Transferrate k_F der Energieübertragung nach Förster wird im Wesentlichen durch den Abstand zwischen Donator- und Akzeptormolekül R_{DA} beeinflusst und ist gegeben durch:

$$k_F = \frac{1}{\tau_D}\left(\frac{R_0}{R_{DA}}\right)^6, \tag{2.6}$$

wobei τ_D die mittlere Lebensdauer des angeregten Donatorzustands und R_0 den Förster-Radius beschreibt. Die Effektivität des Energietransfers ergibt sich im Wesentlichen aus dem Überlappungsintegral des Emissionsspektrums des Donatormoleküls und des Absorptionsspektrums des Akzeptormoleküls. Neben weiteren molekülspezifischen Größen wird dieser spektrale Überlapp von Emissions- und Absorptionsspektrum mit dem Förster-Radius berücksichtigt. Die Reichweite der Energieübertragung beträgt beim Förster-Transfer bis zu 10 nm und ist somit vergleichsweise groß [28].

Dexter-Transfer

Im Vergleich zum Förster-Transfer ist die Reichweite von 1 nm beim Dexter-Transfer klein. Die Ursache dafür ist, dass beim Dexter-Transfer der Energieaustausch auf dem Austausch von Ladungsträgern basiert. Dazu muss ein Überlapp der Orbitale und dementsprechend ein geringer Abstand zwischen Donator- und Akzeptormolekül gegeben sein. Vergleichbar zum Förster-Transfer ist auch beim Energieaustausch nach Dexter der spektrale Überlapp des Emissionsspektrums des Donatormoleküls und des Absorptionsspektrums des Akzeptormoleküls ein Maß für die Effektivität des Übergangs. Die Transferrate des Dexter-Transfers berechnet sich nach:

$$k_{\mathrm{D}} \propto J' \exp(-2R_{\mathrm{DA}}/L), \tag{2.7}$$

wobei J' den spektralen Überlapp von Emissions- und Absorptionsspektrum und L die Van-der-Waals-Radien von Donator- und Akzeptormolekül berücksichtigt. Der Mechanismus der Energieübertragung kann als Erweiterung des Förster-Prinzips aufgefasst werden, bei dem auch Triplett-Triplett-Übergänge erlaubt sind und kann wie folgt beschrieben werden:

$$^{S}D^{*} + {}^{S}A \rightarrow {}^{S}D + {}^{S}A^{*}, \tag{2.8}$$

$$^{T}D^{*} + {}^{S}A \rightarrow {}^{S}D + {}^{T}A^{*}. \tag{2.9}$$

Nach der Bedingung des Dexter-Transfers bleibt die Spin-Multiplizität erhalten.

2.2 Organische Leuchtdioden

Bauelemente, die auf Basis von organischen Halbleitermaterialien hergestellt werden und aufgrund der Rekombination injizierter Elektronen und Löcher Licht emittieren, werden als organische Leuchtdioden (OLEDs) bezeichnet. Im folgenden Abschnitt wird das Funktionsprinzip der OLEDs sowie die einzelnen Mechanismen, die zur Ladungsträgerrekombination und schließlich zur Photonenemission führen, näher beschrieben.

2.2.1 Bauelementstruktur und Funktionsprinzip

Ausgehend von der erstmals von Tang und Van Slyke 1987 vorgestellten einschichtigen OLED führte die Verwendung von Mehrschichtsystemen zu einer deutlichen Effizienzsteigerung der organischen Bauelemente. Bedingt durch die Schichtreihenfolge der Materialien werden OLEDs allgemein in zwei Klassen unterteilt. Die erste Klasse bildet in Anlehnung an die Struktur von Tang an Van Slyke die konventionelle Schichtfolge dargestellt in Abbildung 2.4 a). Der Transport der Ladungsträger zur Emissionsschicht (engl. emission layer, EL) erfolgt für Elektronen durch die Elektronentransportschicht (engl. electron transport layer) und für die Löcher durch die Lochtransportschicht (engl. hole transport layer, HTL). Eine Akkumulation der Ladungsträger in der EL und somit eine hohe Wahrscheinlichkeit der Exzitonenbildung wird durch Blockerschichten für Elektronen (engl. electron blocking layer, EBL) bzw. für Löcher (hole blocking layer, HBL) gewährleistet. Weisen diese Blockerschichten zusätzlich eine große energetische Bandlücke auf, so wirken sie gleichzeitig als Blockerschicht für Exzitonen und verhindern somit die Exzitonendiffusion aus der EL in die umliegenden Schichten. Die Injektion der Löcher erfolgt in dieser Konfiguration von der

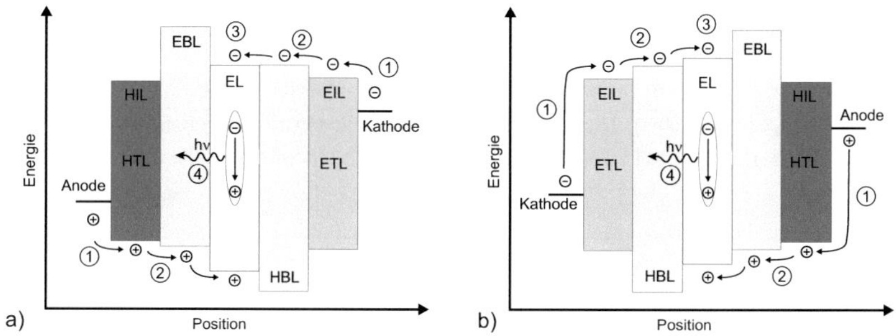

Abbildung 2.4: Schematisches Energieniveaudiagramm einer OLED bestehend aus Injektionskontakten, ETL, HBL, EL, EBL und ETL in konventioneller (a) und invertierter Schichtreihenfolge (b) sowie die internen Prozesse Ladungsträgerinjektion (1), Ladungsträgertransport (2), Exzitonenbildung/Rekombination (3) und Emission (4).

substratseitigen Grundelektrode (engl. bottom electrode). Diese besteht zumeist aus Indium Zinn Oxid (ITO), das eine Austrittsarbeit von 4,5 eV bis 5 eV aufweist. Die Funktion der OLED basiert im Wesentlichen auf vier Prozessen.

- Ladungsträgerinjektion (1): Elektronen bzw. Löcher werden von der Kathode bzw. Anode in die organischen Schichten injiziert. Die Ladungsträger müssen dazu die Injektionsbarriere an der Metall-Organik-Grenzfläche überwinden.
- Ladungsträgertransport (2): Angetrieben durch ein externes elektrisches Feld und abhängig von der Beweglichkeit des jeweiligen Materials bewegen sich Elektronen und Löcher in entgegengesetzter Richtung durch das Bauelement.
- Exzitonenbildung (3): Aufgrund der Coulombschen Wechselwirkung bilden sich Ladungsträgerpaare. Bedingt durch ihre Lebensdauer zeigen Exzitonen eine spezifische Diffusionslänge von 1 nm bis 20 nm.
- Emission (4): Die gebildeten Exzitonen zerfallen strahlend. Die Energie der ausgesendeten Photonen entspricht im Maximum der energetischen Differenz von LUMO und HOMO des entsprechenden Emittermaterials.

Bei der zweiten Klasse, dargestellt in Abbildung 2.4 b) ist die Schichtfolge der organischen Schichten gegenüber der konventionellen Schichtfolge invertiert. Folglich müssen Elektronen aus der ITO-Elektrode in die organischen Schichten injiziert werden. Die Invertierung des Schichtstapels kann daher aus Sicht der Ladungsträgerinjektion nicht als trivial angesehen werden [29, 30] (vgl. Kapitel 2.2.3).

2.2.2 Dotierung der Transportschichten

Eine Verbesserung der Transporteigenschaften organischer Halbleitermaterialien ist durch elektrische Dotierung zu erreichen. Das Prinzip der Dotierung beruht auf einem Ladungstransfer (engl. charge transfer, CT) zwischen dem Matrixmolekül und dem Dotanden. Für die p-Dotierung werden vorwiegend Übergangsmetalloxide (engl. transition metal oxides), wie beispielsweise Molybdänoxid (MoO_3) und Wolframoxid (WO_3) aber auch organische Moleküle, wie beispielsweise F_4-TCNQ, verwendet [31–34]. Im Fall des α-NPD als Matrixmolekül und des MoO_3 als Dotand erfolgt ein CT von Elektronen aus dem HOMO des α-NPD von 5,4 eV in das extrem tiefliegende Leitungsband des MoO_3 von 6,7 eV und kann somit zum Stromtransport beitragen [34]. Bei der n-Dotierung erfolgt ein CT von Elektronen aus dem HOMO oder Valenzband des Dotanden in das LUMO des Matrixmoleküls. Für die n-Dotierung werden überwiegend Alkalimetalle, wie beispielsweise Lithium (Li), verwendet [35]. Aufgrund ihrer Donatorfunktion und der daraus resultierenden geringen Elektronenaffinität oxidieren elementare n-Dotanden an Luft sehr schnell und verlieren dadurch zumeist ihre Donatorwirkung und ihre Injektionseigenschaften, was die Herstellung und die Prozessierung dieser Materialien deutlich erschwert. Eine Alternative bietet das Cäsium basierte Cäsiumcarbonat (Cs_2CO_3). Mit dieser an Luft stabilen Verbindung konnte von Chen et al. erstmals eine zu Li vergleichbare Dotierwirkung nachgewiesen werden [36]. Die Dotiereffizienz für die p-Dotierung sowie die n-Dotierung ist im Wesentlichen von der relativen Lage der Energieniveaus des Matrixmoleküls und des Dotanden zueinander abhängig [37].

2.2.3 Kontaktgrenzflächen und Ladungsträgerinjektion

Weiteren Einfluss auf die Effizienz der OLED hat die Injektion von Ladungsträgern aus den Kontaktschichten oder Elektroden in die organischen Halbleitermaterialien. Eine ideale Metall-Halbleitergrenzfläche ist in Abbildung 2.5 a) dargestellt und kann durch die Schottky-Mott-Beziehung beschrieben werden [38]:

$$\phi_{\mathrm{B,\,e}} = \phi_{\mathrm{M}} - \mathrm{EA}, \qquad \phi_{\mathrm{B,\,h}} = \phi_{\mathrm{M}} - \mathrm{IP}. \tag{2.10}$$

Die Injektionsbarriere für Elektronen $\phi_{\mathrm{B,\,e}}$ bzw. für Löcher $\phi_{\mathrm{B,\,h}}$ berechnet sich demnach aus der Austrittsarbeit des Elektrodenmaterials ϕ_{M} und der Elektronenaffinität EA bzw. des Ionisationspotentials IP des Halbleiters. Bei der Betrachtung nach Schottky-Mott wird von einem konstanten Vakuumniveau ausgegangen. An der Grenzfläche zwischen Metall und organischen Halbleitermaterialen konnte jedoch anhand von UPS-Messungen (engl. ultraviolet photoelectron spectroscopy) die Ausbildung eines Grenzflächen Dipols beoachtet werden [39]. Die Ausbildung dieses Dipols beruht auf Wechselwirkungen des Metalls mit dem organischen

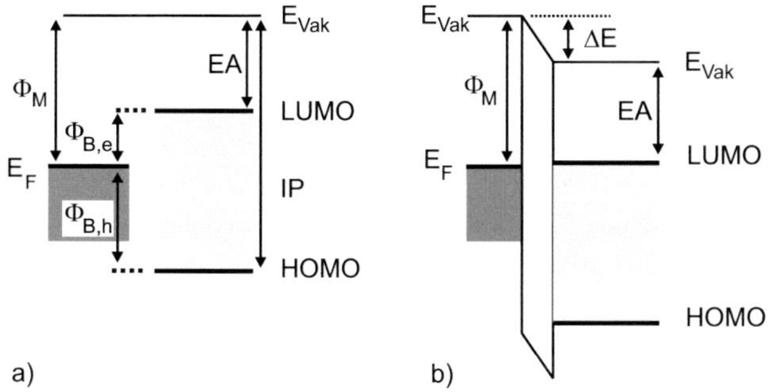

Abbildung 2.5: Schematische Darstellung der Energieniveaus einer Grenzfläche zwischen Metall und einem organischen Material vor dem Kontakt (a) und nach dem Kontakt (b).

Material, wie beispielsweise Ladungstransfer oder Chemisorption und führt zu einer Verschiebung des Vakuumniveaus des organischen Halbleitermaterials. Abbildung 2.5 a) zeigt die Metall-Organik-Grenzfläche unter Berücksichtigung des Grenzflächendipols Δ. Aus der Verschiebung des Vakuumniveaus resultiert eine Modifikation der Injektionsbarrieren in der Form:

$$\phi_{\mathrm{B,\,e}} = \phi_{\mathrm{M}} - \mathrm{EA} - \Delta, \qquad \phi_{\mathrm{B,\,h}} = \phi_{\mathrm{M}} - \mathrm{IP} - \Delta \tag{2.11}$$

Die Injektion von Ladungsträgern aus dem Metall in die organischen Schichten wird im Wesentlichen durch zwei Modelle beschrieben. Der erste Mechanismus, die thermionische Injektion, beruht auf der thermischen Anregung der Ladungsträger, die zu der Überwindung der Injektionsbarriere führt. Die thermionische Injektion basiert auf der Richardson-Schottky-Beziehung welche die Emission von Elektronen von einer beheizten Kathode ins Vakuum beschreibt [40]. Der zweite Mechanismus, die Tunnelinjektion, ist temperaturunabhängig und tritt verstärkt bei hohen Feldstärken auf. Ausgehend von einer dreiecksförmigen Injektionsbarriere kann die Tunnelinjektion von Ladungsträgern durch die Fowler-Nordheim-Beziehung beschrieben werden [41]. Für eine präzisere Darstellung der Ladungsträgerinjektion werden diese beiden Mechanismen durch ein Hopping Modell ergänzt [42].

Eine Verringerung der Injektionsbarrieren kann mit der Verwendung von Injektionsschichten (engl. injection layer, IL) erreicht werden. Für die anodenseitige Lochinjektion werden dazu TMO-Schichten (engl. transition metal oxide) mit einer Schichtdicke von etwa 5 nm, wie beispielsweise WO_3 und MoO_3, verwendet [43]. Da sich TMOs ebenso für die Dotierung von Lochtransportschichten zur Erhöhung der Löcherbeweglichkeit eignen (vgl. Kapitel 2.2.2),

erfüllt die dotierte HTL häufig zusätzlich die Funktion einer IL. Kathodenseitig werden als Injektionsschichten zur Elektroneninjektion üblicherweise Metalle mit geringen Austrittsarbeiten, wie beispielsweise Lithium (Li), Magnesium (Mg) oder Calcium (Ca), verwendet.
Im Fall einer invertierten Schichtstruktur werden Löcher aus der metallischen Deckelektrode (engl. top electrode) injiziert, während die Injektion der Elektronen über die ITO-Bottom-Elektrode erfolgt (vgl. Abbildung 2.4). Aufgrund einer Austrittsarbeit von 4,23 eV wird Aluminium (Al) bevorzugt als Kathode verwendet [44]. ITO, mit einer Austrittsarbeit von $\approx$ 4,9 eV, dient hingegen typischerweise als Anode [45]. Für einen invertierten organischen Schichtstapel ergibt sich an der Anode bzw. der Kathode eine Differenz der Austrittsarbeiten, die mit einer höheren Injektionsbarriere für beide Ladungsträgerarten gleichzusetzen ist. Anodenseitig stellt die Verwendung von reinen bzw. hochdotierten Injektionsschichten, beispielsweise MoO_3 bzw. α-NPD:MoO_3 ein effektives Materialsystem zur Reduzierung dieser Injektionsbarriere dar [8, 46]. Kathodenseitig sind die etablierten Injektionsschichten auf Basis von Alkalimetallen, wie beispielsweise Magnesium, für invertierte Strukturen aufgrund ihrer geringer Transmittanz ungeeignet. Parthasaraty et al. konnten erstmals durch eine Lithiumdotierung einer ETL eine Verringerung der Injektionsbarriere bedingt durch einen Ladungstransfer von ETL und metallischer Elektrode nachweisen [35]. Ebenso mit dem für die n-Dotierung verwendeten Cs_2CO_3 kann ein solcher Effekt erzielt werden [46]. Bei invertierten Strukturen ist dennoch die Elektroneninjektion als limitierender Faktor anzusehen [29, 47].

2.2.4 Ladungsträgergenerierende Schichten

Ladungsträgergenerierende Schichtstrukturen (charge generation layer, CGL) werden in der Literatur vorwiegend im Zusammenhang mit gestapelten OLEDs zur Weißlichterzeugung verwendet [48–51]. In einer gestapelten Struktur gewährleisten CGLs vergleichbar zu einer Kontaktschicht eine effiziente Injektion von Ladungsträgern in die organischen Schichten. In diesen gestapelten Strukturen sind die einzelnen Sub-OLEDs nicht separat ansteuerbar. Die Schichtstruktur der CGL besteht zumeist aus einem TMO, wie beispielsweise WO_3, MoO_3 oder Va_2O_5, umgeben von einer stark n-dotierten ETL und einer undotierten HTL [52, 53]. Eine schematische Darstellung einer CGL-Struktur bestehend aus BPhen:Cs_2CO_3, MoO_3 und α-NPD ist in Abbildung 2.6 gegeben. Durch den Kontakt kommt es zu einer Angleichung der Ferminiveaus (E_F) der Materialien. Entsprechend des Ionisationspotentials (IP) und der Elektronenaffinität (EA) jedes einzelnen Materials resultiert aus der Angleichung der Fermienergien eine Bandverbiegung an den Grenzflächen der einzelnen Schichten. Durch Anlegen eines Feldes können Elektronen effizient aus dem HOMO der HTL in das extrem tief liegende Leitungsband des MoO_3 (6,7 eV) gelangen [43]. Dadurch bleiben im HOMO des HTL-Materials Defektelektronen bzw. Löcher zurück, die sich in Richtung OLED 2

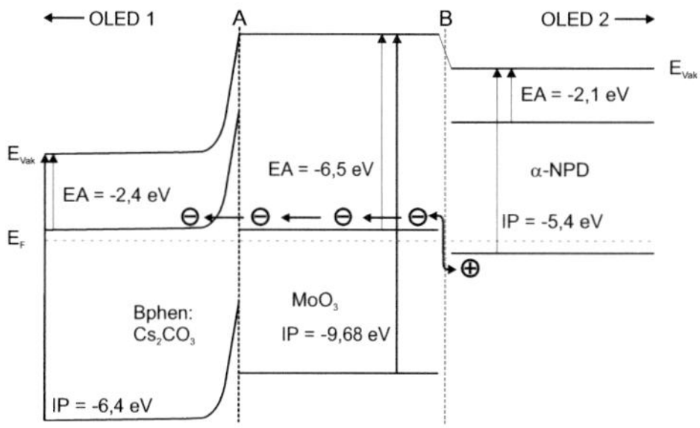

Abbildung 2.6: Energieniveauschema einer CGL-Struktur bestehend aus BPhen:Cs_2CO_3, MoO_3 und α-NPD [54]. Bereich A kennzeichnet den Bereich der Elektroneninjektion. Die Ladungsträgergeneration erfolgt in Bereich B.

bewegen können. Aufgrund des n-leitenden Charakters des TMO können sich die Elektronen wiederum effizient durch das MoO_3 in Richtung der dotierten ETL und somit in Richtung von OLED 1 bewegen. Die eigentliche Ladungsträgergeneration ereignet sich folglich an der Grenzfläche von TMO (MoO_3) und HTL (α-NPD) an Position B. Die dotierte ETL BPhen: Cs_2CO_3 ermöglicht an Position A lediglich eine effiziente Injektion der Elektronen aus dem LUMO des TMO [37, 54].

2.2.5 Quanteneffizienz der OLED

Die Effizienz einer OLED wird im Wesentlichen von den in Kapitel 2.2.1 beschriebenen internen Prozessen beeinflusst. Die interne Quanteneffizienz η_{int} ist als das Verhältnis der in der OLED generierten Photonen zu den injizierten Ladungsträgern definiert und berechnet sich zu:

$$\eta_{\text{int}} = \gamma\phi\chi. \tag{2.12}$$

In diesem Zusammenhang ist γ der Faktor der Ladungsträgerbalance bezüglich der injizierten Elektronen und Löcher, ϕ der Anteil an gebildeten Exzitonen, die entweder strahlend oder nichtstrahlend zerfallen können und χ die Wahrscheinlichkeit für einen strahlenden Zerfall der Exzitonen. In einem fluoreszenten Emittermaterial zerfallen ausschließlich Singulett-Zustände strahlend. Statistisch betrachtet wird von jedem dritten Elektron-Loch-Paar ein Photon gebildet. Die interne Quanteneffizienz kann folglich maximal 25 % betragen. Durch die Verwendung von Emittersystemen bestehend aus einem Matrix-Material und einem phosphoreszenten Dotanden ist es möglich, die interne Quanteneffizienz deutlich zu erhöhen [3]. Phosphoreszente Komplexe basierend auf schweren Metallen, wie beispielsweise Iridium (Ir), oder Platin (Pt), erlauben durch eine starke Spin-Bahn-Kopplung die Umwandlung von

Singulett- in Triplett-Zuständen. Im Fall eines idealen Energietransfers zwischen Matrix und Emittermaterial ist so eine interne Quanteneffizienz von 100 % möglich [55]. Die externe Quanteneffizienz η_{ext} ist definiert als das Verhältnis der aus der OLED ausgekoppelten Photonen zu den injizierten Ladungsträgern. η_{ext} ist gegeben durch:

$$\eta_{\mathrm{ext}} = \frac{P_{\mathrm{opt}}}{hc}\frac{\mathrm{q}}{I}\lambda_{\mathrm{max}} = \eta_{\mathrm{int}}\eta_{\mathrm{opt}}, \tag{2.13}$$

wobei P_{opt} die gesamte von der OLED abgestrahlte optische Leistung bei dem Betriebsstrom I und λ_{max} die Peak-Wellenlänge des abgestrahlten Lichts repräsentieren. q ist die Elementarladung, c die Lichtgeschwindigkeit im Vakuum und h das Planck'sche Wirkungsquantum. Die optischen Eigenschaften der Dünnschichtstruktur werden durch den Auskopplungsfaktor η_{opt} berücksichtigt. Einige der potentiellen optischen Verlustkanäle einer konventionellen substratemittierenden OLED sind in Abbildung 2.7 anhand der klassischen Strahlenoptik dargestellt. Mit einem Brechungsindex der organischen Schichten von $n_{\mathrm{org}} \approx 1{,}7$, der ITO-Elektrode von $n_{\mathrm{ITO}} \approx 1{,}9$ und des Glassubstrats von $n_{\mathrm{Glas}} \approx 1{,}5$ im sichtbaren Spektralbereich des Lichts ergibt sich nach dem Brechungsgesetz von Snellius unter der Berücksichtigung des Winkels für Totalreflektion Θ ein Auskopplungsfaktor von $\eta_{\mathrm{opt}} = 1/2\, n_{\mathrm{org}}^2$. Demnach werden nur etwa 20 % der in der OLED generierten Photonen aus dem Bauteil ausgekoppelt [56]. Durch die Verwendung von Auskopplungsschichten oder speziellen Glassubstraten kann der Auskopplungsfaktor jedoch erhöht werden [57].

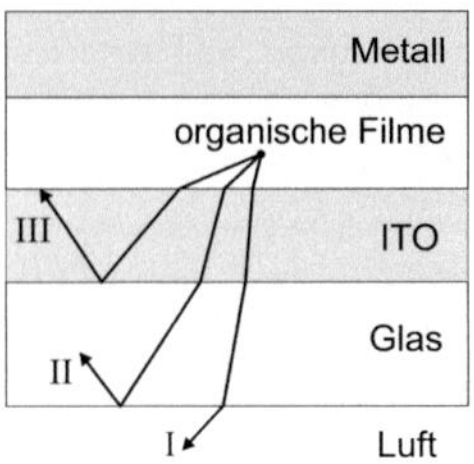

Abbildung 2.7: Schematische Darstellung der Modenverteilung in einer OLED; Anteil des ausgekoppelten Lichts (I), Wellenleitermoden im Glassubstrat (II) und Wellenleitermoden in den Dünnschichten (III).

2.3 Optische Eigenschaften von Dünnschichtstrukturen

Die optische Dicke einer OLED mit einer Schichtdicke von etwa 100 nm bis 200 nm liegt im Bereich der halben Wellenlänge des sichtbaren Spektralbereichs des Lichts. In diesem Bereich treten Interferenzeffekte auf, die nicht mehr mit der klassischen Strahlenoptik zu beschreiben sind. Das von einem Exziton emittierte Licht muss folglich als Welle betrachtet werden. Das

Exziton wird dazu als Dipolstrahler vergleichbar zu einem Hertzschen Dipol angenommen. Im folgenden Abschnitt werden die in unterschiedlichen Schichtstrukturen vorherrschenden optischen Effekte, sowie deren Auswirkung auf das aus der OLED ausgekoppelte Licht näher erläutert.

2.3.1 Mikrokavitäten innerhalb einer OLED

Aufgrund verschiedener Interferenzeffekte, die im weiteren Verlauf näher erläutert werden, bildet sich innerhalb einer OLED eine Mikrokavität aus, die als optischer Resonator aufgefasst werden kann. Dieser wird zwischen der substratseitigen Grundelektrode (engl. bottom electrode) und der abschließende Deck-Elektrode (engl. top electrode) gebildet. Eine wichtige Größe zur Charakterisierung eines Resonators ist seine Güte. Für eine planare Fabry-Perot-Anordnung berechnet sich diese mit der optischen Länge der Kavität ΔL, der resonanten Wellenlänge λ und der Linienbreite $\Delta\lambda$ zu [58,59]:

$$Q = \frac{\lambda}{\Delta\lambda} = \frac{2\pi L}{\lambda}\left[-ln\sqrt{R_{\mathrm{T}}R_{\mathrm{B}}}\right]^{-1}. \tag{2.14}$$

R_{T} bzw. R_{B} repräsentieren die Reflektanz der Top- bzw. der Bottom-Elektrode.

Die in einer anorganischen Leuchtdiode mit Kavitätsstruktur vorherrschenden Interferenzeffekte wurden erstmals von Deppe et al. untersucht [60]. Chen et al. beschreiben aufbauend auf diesen Untersuchungen die Kavitätseffekte innerhalb einer top-emittierenden OLED im Vergleich zu einer konventionellen substratemittierenden OLED [61]. In konventionellen OLEDs mit ITO Bottom-Elektrode wird die vom Dipol in der Emissionszone ausgesandte Welle im Wesentlichen einmal an der Top-Elektrode reflektiert und kann somit mit ihrer eigenen Reflektion interferieren (engl. wide-angle interference) [62]. Bestehen beide Elektroden aus einem reflektiven Metall, wie beispielsweise bei einer top-emittierenden OLED, so ergibt sich ein weiterer Interferenzeffekt. Die vom Dipol abgestrahlte Welle interferiert zusätzlich mit zwischen den metallischen Elektroden propagierenden Mehrfachreflektionen (engl. multiple-beam interference) [63]. In Abbildung 2.8 sind die Kavitäten (d_{Kav}) einer bottom-emittierenden OLED (a) und einer top-emittierenden OLED (b) sowie die entstehenden Interferenzphänomene bedingt durch Einfachreflektion (I) und Mehrfachreflektion (II) dargestellt. Für eine planare Anordnung der Kavität mit einer Schichtfolge von organischen Materialien eingebettet in zwei metallische Elektroden ergibt sich die optische Länge L der Kavität zu [58]:

$$L = \sum_i n_i d_i + L_{\mathrm{m,\,T}} + L_{\mathrm{m,\,B}}. \tag{2.15}$$

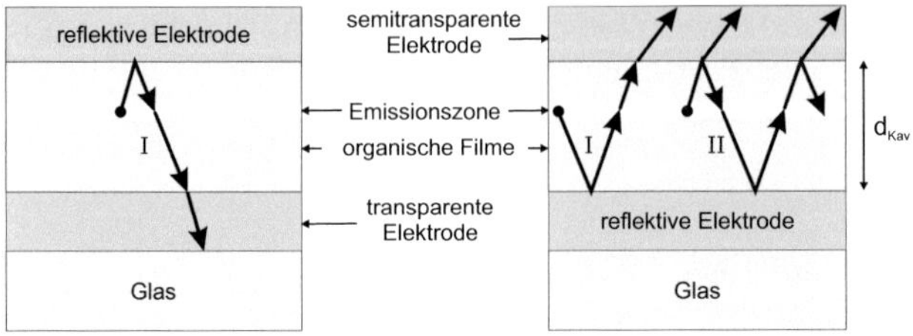

Abbildung 2.8: Schematische Darstellung der Emission innerhalb der Kavität (d_{Kav}) einer konventionellen bottom-emittierenden OLED mit einem ITO Kontakt und einer reflektiven Elektrode (a) und einer top-emittierenden OLED mit einer reflektiven Elektrode und einer semitransparenten Elektrode (b). Interferenz der Dipolstrahlung durch Einfachreflektion (I) und Mehrfachreflektion (II).

Die Anzahl bzw. die Dicke der organischen Schichten entspricht i bzw. d. Die Eindringtiefe der elektromagnetischen Welle in die Metallelektroden wird mit $L_{\mathrm{m,\,T}}$ und $L_{\mathrm{m,\,B}}$ berücksichtigt. Die resonanten Wellenlängen der Kavität ergeben sich mit dem Modenindex m aus $m\lambda = 2L$. In Zusammenhang mit Gleichung 2.15 ist demnach die Resonanzwellenlänge der Kavität abhängig von ihrer optischen Dicke und somit von der Schichtdicke bzw. dem Brechungsindex der organischen Filme.

Am Beispiel der top-emittierenden OLED führen die in Abbildung 2.8 gezeigten Interferenzphänomene innerhalb der organischen Schichten zu einer Umverteilung der Photonenzustandsdichte und somit zur Ausbildung einer stehenden Welle. In Abhängigkeit des Abstandes der emittierenden Dipole (Emissionszone) zu den reflektierenden Elektroden folgt daraus, aufgrund von destruktiver oder konstruktiver Interferenz, eine Erhöhung oder Verringerung der Intensität der stehenden Welle innerhalb der Kavität. Die wellenlängenabhängige Intensität $|E_{\mathrm{Kav}}|^2$ des aus der Kavität in Vorwärtsrichtung ($\Theta = 0°$) ausgekoppelten Lichts ist nach Chen et al. gegeben durch [60, 61]:

$$|E_{\mathrm{Kav}}(\lambda)|^2 = \frac{\frac{(1-R_{\mathrm{T}})}{i}\sum_i \left[1 + R_{\mathrm{B}} + 2\sqrt{R_{\mathrm{B}}}\cos\left(\frac{4\pi z_i}{\lambda}\right) + \phi_{\mathrm{B}}\right]}{1 + R_{\mathrm{B}}R_{\mathrm{T}} - 2\sqrt{R_{\mathrm{B}}R_{\mathrm{T}}}\cos\left(\frac{4\pi L}{\lambda}\right) + \phi_{\mathrm{B}} + \phi_{\mathrm{T}}}\,|E_{\mathrm{konv}}(\lambda)|^2 . \tag{2.16}$$

Der Abstand jedes emittierenden Dipols i von der reflektiven Bottom-Elektrode wird mit z_i beschrieben. ϕ_{B} bzw. ϕ_{T} stehen für die Phasenverschiebung der elektromagnetischen Welle an der Bottom- bzw. der Top-Elektrode. $|E_{\mathrm{konv}}(\lambda)|^2$ ist das Emissionsspektrum einer konventionellen bottom-emittierenden OLED ohne Kavitätseinfluss. Die Terme $1 + R_\mathrm{B} + 2\sqrt{R_\mathrm{B}}\cos\left(\frac{4\pi z_i}{\lambda}\right) + \phi_\mathrm{B}$ bzw. $1 + R_\mathrm{B}R_\mathrm{T} - 2\sqrt{R_\mathrm{B}R_\mathrm{T}}\cos\left(\frac{4\pi L}{\lambda}\right) + \phi_\mathrm{B} + \phi_\mathrm{T}$ repräsentieren Interferenzeffekte aufgrund der Einfach- bzw. der Mehrfachreflektion an der Bottom-Elektrode. Ist die Resonanzwellenlänge der Kavität identisch mit der Peak-Wellenlänge des Emissionsspektrums der Dipole, kann aus Gleichung 2.16 der Intensitätserhöhungsfaktor (engl. emission enhancement factor) $\mathrm{G_{Kav}}$ abgeleitet werden. $\mathrm{G_{Kav}}$ beschreibt die Steigerung der Intensität einer OLED mit Mikrokavität bezogen auf die Intensität einer optimierten konventionellen bottom-emittierenden Struktur in der Form: [64–66]:

$$G_\mathrm{Kav} = \frac{\xi}{2}\frac{\left(1+\sqrt{R_\mathrm{B}(\lambda)}\right)^2 \cdot (1 - R_\mathrm{T}(\lambda))}{\left(1 - \sqrt{R_\mathrm{B}(\lambda)R_\mathrm{T}(\lambda)}\right)^2} \cdot \frac{\tau_\mathrm{Kav}}{\tau}. \tag{2.17}$$

In Gleichung 2.17 ist ξ die relative Position der emittierenden Dipole (Emissionszone) zu den Maxima der stehenden Welle innerhalb der Kavität. ξ nimmt den Wert 2 bzw. 0 an, wenn sich die Emissionszone in einem Maximum bzw. in einem Knoten der stehenden Welle befindet. Die Lebensdauer der angeregten Zustände innerhalb bzw. außerhalb der Kavität ist durch τ_Kav bzw. τ gegeben. Der durch τ_Kav/τ gegebene Faktor kann in erster Näherung als ≈ 1 angenommen werden [66]. Die Transmittanz der Top-Elektrode ist durch $1 - R_\mathrm{T}(\lambda)$ berücksichtigt. Für den Fall einer bottom-emittierenden OLED mit $R_\mathrm{T} = 0$ und $\mathbf{R}_\mathrm{T} = 1$ wird $\mathrm{G_{Kav}}$ nur noch durch die Interferenz der Einfachreflektion der Dipolstrahlung an der Top-Elektrode bestimmt. Man spricht daher bei einer OLED mit einer transparenten Elektrode von „schwachen Kavitätseffekten“ [67].

Die in Gleichung 2.17 beschriebene Intensitätssteigerung bei resonanten Wellenlängen der Kavität bzw. die Abschwächung der Intensität nicht resonanter Wellenlängen, führen zu einer signifikanten Modifikation des Emissionsspektrums der OLED bezüglich der Farbe und der Halbwertsbreite (engl. full width at half maximum, FWHM) (vgl. Gleichung 2.16). Die Variation der FWHM durch den Einfluss der Mikrokavität ist gegeben durch [65]:

$$\Delta\lambda_\mathrm{FWHM} = \frac{\lambda^2}{2L} \cdot \frac{1 - \sqrt{R_\mathrm{T}R_\mathrm{B}}}{\pi\left(R_\mathrm{T}R_\mathrm{B}\right)^{1/4}}. \tag{2.18}$$

2.3.2 Auskopplungsschichten auf der OLED

Wie im vorhergehenden Abschnitt beschrieben, kann durch die Variation der Dicke der Kavität und durch die Variation der Position der Emissionszone die Intensität des ausgekoppelten Lichts erhöht oder verringert werden. Der Einfluss der Kavität auf die Intensität des in der

OLED generierten Lichts ist bei einer Struktur, bestehend aus zwei metallischen Elektroden, stark bzw. bei der Verwendung einer reflektiven und einer transparenten Elektrode schwächer ausgeprägt (vgl. Kapitel 2.3.1). Bei einer top-emittierenden OLED kann durch die Verwendung einer Auskopplungs- oder Deckschicht (engl. capping layer) eine zusätzliche Steigerung der Intensität des ausgekoppelten Lichts erreicht werden [68–74]. Die Dicke und der Brechungsindex der Deckschicht nehmen Einfluss auf die Reflektanz bzw. die Transmittanz der semitransparenten Elektrode. Aus Gleichung 2.16 geht hervor, dass sich die Variation von R_T ausschließlich auf den durch Mehrfachreflektion hervorgerufenen Anteil der Interferenzeffekte auswirkt. Für das Erreichen einer maximalen ausgekoppelten Intensität ist demnach die schlichte Minimierung der Reflektanz und somit die Optimierung der Transmittanz der Elektrode durch die Variation der Schichtdicke der Auskoppelschicht nicht ausreichend [63, 70]. Die modifizierten Eigenschaften der Kavität müssen bei der Anpassung einer Deckschicht auf der OLED Berücksichtigung finden. Abbildung 2.9 zeigt schematisch den Schichtstapel einer top-emittierenden OLED mit Auskopplungsschicht und den resultierenden Wellenverlauf der Dipolemission für den Fall der Mehrfachreflektion. Der Winkel α beschreibt den Winkel des ausgekoppelten Strahls gegenüber der Flächennormalen der Elektrodenoberfläche und ist abhängig von den Brechungsindizes der darunterliegenden Materialien. Folglich ergibt sich eine veränderte Intensitätsverteilung des ausgekoppelten Lichts über den Raumwinkel Ω bei Anwesenheit der Auskoppelschicht über der Elektrode gegenüber einem Schichtstapel ohne Auskoppelschicht [69].

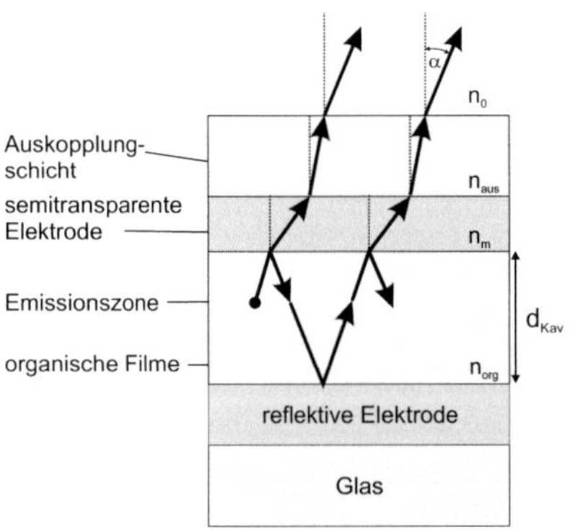

Abbildung 2.9: Schichtstapel einer top-emittierenden OLED mit der Kavitätsdicke d_{Kav} und einer Auskopplungsschicht auf der semitransparenten Elektrode. Wellenverlauf der Dipolemission für Mehrfachreflektion bei $n_{\mathrm{org}} > n_{\mathrm{m}} < n_{\mathrm{aus}} > n_0$.

2.3.3 Antireflexbeschichtungen

Zur Betrachtung der Reflektion und der Transmission einer elektromagnetischen Welle an Dünnschichten und Dünnschichtsystemen wird im folgenden Abschnitt der senkrechte Einfall der Welle, d.h. der Einfall normal zur Oberfläche des Mediums vorausgesetzt. Abbildung 2.10 zeigt ein Schichtsystem bestehend aus einer beliebigen Dünnschicht (1) einem Substrat (S) und Luft (0) mit den entsprechenden Brechungsindizes. Die an den Grenzflächen der Medien auftretenden Reflektion und Transmissionen sind mit R und T gekennzeichnet. Die Dünnschicht ist homogen und isotrop, ihre Dicke liegt im Bereich der Wellenlänge des einfallenden Lichts. Gangunterschiede der Lichtwellen sind demnach klein gegenüber der Kohärenzlänge und es kann von kohärenten Lichtwellen ausgegangen werden. Mit Hilfe der Transfer-Matrix-Methode berechnet sich der Reflektionsgrad σ des beschriebenen Schichtsystems zu [75]:

$$\sigma = \frac{n_1^2(n_0 - n_{\mathrm{s}})^2 \cos^2\phi + (n_0 n_{\mathrm{s}} - n_1^2)^2 \; sin^2\phi}{n_1^2(n_0 + n_{\mathrm{s}})^2 \cos^2\phi + (n_0 n_{\mathrm{s}} + n_1^2)^2 \sin^2\phi}. \tag{2.19}$$

Mit der Dicke der Schicht d_1 ergibt sich die optische Länge $L = n_1 d_1$ und die Phasenverschiebung $\phi = 2\pi n_1 d_1/\lambda$. Mehrfachreflektionen an den Grenzflächen werden bei dieser Methode berücksichtigt. Der Reflektionsgrad des Gesamtsystems ist minimal für $d_1 = \lambda/4$ bzw. ungerade Vielfache von $\lambda/4$. Die transmittierte Welle T_{10} und reflektierte Welle R_{10} interferieren destruktiv miteinander, sodass die resultierende Reflektion (R_{10}) an Schicht 1 verschwindet. In diesem Spezialfall, auch bekannt als $\lambda/4$-Transformation, verschwinden in Gleichung 2.19 die Kosinus-Terme und σ berechnet sich zu [75]:

$$\sigma = \left(\frac{n_0 n_{\mathrm{s}} - n_1^2}{n_0 n_{\mathrm{s}} + n_1^2 \sin^2\phi}\right)^2. \tag{2.20}$$

Eine perfekte Entspiegelung ($\sigma = 0$) wird demnach für $n_1 = \sqrt{n_0 n_{\mathrm{s}}}$ erreicht. In der Realität sind jedoch zumeist keine Materialien verfügbar, die exakt über den gewünschten Brechungs-

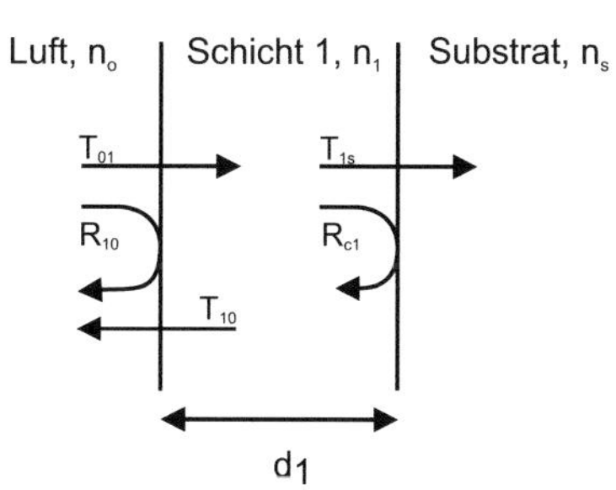

Abbildung 2.10: Transmission, Reflektion und Mehrfachreflektion einer elektromagnetischen Welle bei senkrechtem Einfall in ein Schichtsystem bestehend aus einer Dünnschicht (1) umgeben von Luft (0) und dem Substrat (S).

index verfügen. Es werden daher Schichtsysteme bestehend aus mehreren Dünnfilmen verwendet. Die Materialien werden dann so ausgewählt, dass aus dem effektiven Brechungsindex des Gesamtsystems eine minimale Reflektion resultiert [75].

2.4 Definition der Farbe einer Lichtquelle

Elektromagnetische Wellen werden vom menschlichen Auge in einem Wellenlängenbereich von 380 nm bis 780 nm wahrgenommen. Die Detektion der elektromagnetischen Strahlung in diesem Bereich erfolgt im menschlichen Auge mittels zweier Arten von Rezeptoren. Die Intensität der einfallenden Wellen wird unabhängig von deren Wellenlänge von den Stäbchen erfasst. Eine wellenlängenselektive Detektion der Intensität des Lichts und somit die Farbwahrnehmung erfolgt durch die Zapfen, die wiederum in drei Arten untergliedert sind. Jede dieser Zapfenarten detektiert einen spezifischen Spektralbereich [76]. Die Farbwahrnehmung des Menschen ist daher ein subjektiver Sinneseindruck. Um dennoch eine Verknüpfung der Farbempfindung mit messbaren Größen, und somit eine physikalische Beschreibung zu ermöglichen, wurden in der Vergangenheit diverse Farbsysteme, wie beispielsweise das RAL- oder Munsell-System, konzipiert [77]. Das bekannteste Farbsystem ist das Normvalenzsystem der internationalen Beleuchtungskommission (franz. Commission Internationale de l'Éclairage, CIE).

2.4.1 Farbort

Für die Entwicklung eines Normvalenzsystems CIE1931 wurde im Jahr 1931 von der CIE der Verlauf der Helligkeitsempfindlichkeit der drei Zapfenarten des menschlichen Auges mit Hilfe von Testpersonen empirisch ermittelt. Die aus dieser Untersuchung resultierenden Intensitätsverläufe werden Tristimulus genannt und sind in Abbildung 2.11 a) in normierter Form dargestellt [78]. Auf Basis der Tristimulus-Verläufe und des Emissionsspektrums lässt sich nach CIE1931 der Farbort für eine beliebige Lichtquelle berechnen. Die Ermittlung der Einzelvalenzen X, Y, und Z erfolgt durch die Integration des mit dem Tristimulus-Verlauf gewichteten Intensitätsspektrums $\mathrm{I}(\lambda)$ der zu berechnenden Lichtquelle über den sichtbaren Spektralbereich des Lichts. X, Y und Z ergeben sich demnach zu [78]:

$$X = \int_{380\,nm}^{780\,nm} I(\lambda)\overline{x}d\lambda, \qquad Y = \int_{380\,nm}^{780\,nm} I(\lambda)\overline{y}d\lambda, \qquad Z = \int_{380\,nm}^{780\,nm} I(\lambda)\overline{z}d\lambda. \tag{2.21}$$

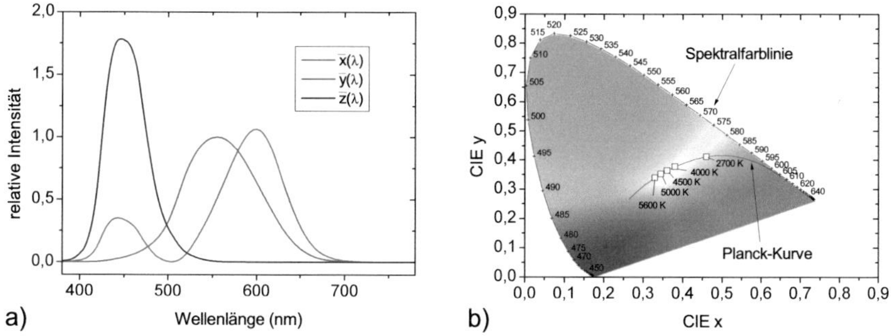

Abbildung 2.11: (a) Tristimulus-Verlauf nach CIE-Norm (1931) des Standard 2° Betrachters für Tagsehen. Der spektrale Verlauf der Helligkeitsempfindlichkeit des menschlichen Auges ($V(\lambda)$) entspricht $\overline{y}(\lambda)$. (b) CIE-Normvalenzsystem nach CIE-Norm (1931) für CIE x und CIE y; Farbverlauf eines Planck'schen Strahlers.

Die Transformation der Einzelvalenzen in die x-y-Ebene des CIE-Chromatizitätsdiagramm erfolgt durch die Beziehung:

$$x = \frac{X}{X+Y+Z}, \qquad y = \frac{X}{X+Y+Z}. \tag{2.22}$$

Mit der Darstellung der x-y-Ebene des CIE-Koordinatensystems Abbildung 2.11 b) werden alle vom Menschen wahrnehmbaren Farben repräsentiert. Aus der Bedingung $1 = x + y + z$ lässt sich die z-Komponente zurückgewinnen, die bei der zweidimensionalen Betrachtung des CIE-Koordinatensystems üblicherweise nicht explizit angegeben wird. Die reinen Grundfarben befinden sich auf der Spektralfarblinie. Die Zahlen entlang dieser Linie entsprechen der jeweiligen Wellenlänge in Nanometern. Durch additive Farbmischung der Grundfarben ist jeder Farbort im Inneren der hufeisenförmigen Fläche darstellbar. Die abgebildete Planck-Kurve gibt den temperaturabhängigen Farbverlauf eines idealen Schwarzkörperstrahlers wieder.

2.4.2 Farbwiedergabe

Der Farbwiedergabeindex (engl. color rendering index, CRI) beschreibt die Qualität der Farbwiedergabe einer Lichtquelle, hier Testlichtquelle genannt. Die Berechnung des CRI basiert auf fünfzehn von der CIE festgelegten Normfarbtafeln, die mit der Testlichtquelle beleuchtet werden [78]. Die von der jeweiligen Normfarbtafel reflektierten spektralen Intensitätsverläufe werden mit denen einer genormten Referenzlichtquelle mit einer definierten Farbtemperatur verglichen. Daraus ergeben sich die CRI-Werte R_0 bis R_{14}. Der R_a repräsentiert den arithmetischen Mittelwert von R_0 bis R_8 und ist häufig in Herstellerangaben von Leuchtmitteln zu finden. Ein R_a von 100 wird erreicht, wenn die reflektierten spektralen Intensitätverläufe der ersten neun Farbtafeln der Test- und der Referenzlichtquelle identisch sind. Als Referenzspektren für die Berechnung des CRI wird üblicherweise das Emissionsspektrum eines Planck'schen Strahlers mit einer spezifischen Farbtemperatur verwendet. Eine konkrete Berechnungsvorschrift für den CRI ist in [78] gegeben.

Kapitel 3

Technologie und Charakterisierung

Im folgenden Kapitel werden die Depositionsverfahren und Beschichtungsanlagen beschrieben, die für die Herstellung der in dieser Arbeit vorgestellten Dünnschichtstrukturen relevant sind. Darüber hinaus werden die analytischen Methoden und Messanordnungen zur Charakterisierung von OLEDs und Dünnschichtstrukturen beschrieben.

3.1 Substratpräparation

Die Substratpräparation beinhaltet den vollständigen Prozess der Herstellung von Dünnschicht- bzw. OLED-Strukturen. Im Folgenden werden daher die in der vorliegenden Arbeit verwendeten Substratmaterialien sowie der Herstellungsprozess der OLED-Strukturen beschrieben.

3.1.1 Verwendete Substrate

Zur Bauteil- bzw. Schichtcharakterisierung wurden verschiedene Substratmaterialien eingesetzt. Die Untersuchung der Leitfähigkeit und der Transmission sowie der Morphologie mittels Rasterkraftmikroskopie (engl. atomic force microscopy, AFM) erfolgte auf Borsilikatglas (Borofloat^{TM}) mit einer Fläche von 17×17 mm^2, einer Dicke von 1,1 mm und einem Brechungsindex von $n = 1{,}56$. Silizium-Substrate mit einer Dicke von 0,7 mm und einer nativen Oxid-Schicht der Schichtdicke 1,5 nm wurden für Ellipsometrie, Rasterelektronenmikroskopie (REM), Transmissionselektronenmikroskopie (TEM) und Sekundärionenmassenspektrometrie (SIMS) verwendet.

Die Herstellung der OLED-Strukturen erfolgte auf kommerziell erhältlichen ITO-Glassubstraten der Firma Optrex mit einer Glasdicke von 0,9 mm, einer ITO-Schichtdicke von

130 nm und einem Schichtwiderstand (R_S) des ITO-Films von 14 Ω/sq. In der vorliegenden Arbeit wurden fünf verschiedene Substrattypen mit variierenden aktiven Flächen (AF) aufgeführt in Tabelle 3.1 verwendet.

Tabelle 3.1: Aufstellung der für die OLED-Herstellung verwendeten Substrate sowie Anzahl und Abmessungen der aktiven Flächen (AF).

Substrat	AF (Anzahl)	AF (Größe)	Substrat (Größe)
I	3	3,14 mm^2	17 × 17 mm^2
II	1	10 mm^2	25 × 25 mm^2
III	1	110 mm^2	35 × 50 mm^2
IV	4	1,23 / 4,96 / 19,89 / 79,63 mm^2	35 × 50 mm^2
V	16	4 mm^2	25 × 25 mm^2

Die Substrate IV und V wurden fertig prozessiert, inklusive ITO-Strukturierung und Passivierung der aktive Flächen, von Optrex Inc. bzw. BASF SE bezogen. Eine detaillierte Beschreibung der Substrate IV und V ist in [79,80] gegeben. Die Substrate I-III wurden am Institut für Hochfrequenztechnik hergestellt.[1]

3.1.2 Herstellung der OLED-Strukturen

Der Prozess der Substratherstellung für die Substrate I-III ist in Abbildung 3.1 dargestellt. Die mit ITO beschichteten Glassubstrate wurden von der Merck KGaA erworben. Als Basismaterial dient das oben beschriebene mit ITO beschichtete Glassubstrat der Firma Optrex. Die Reinigung der Substrate erfolgte zunächst mittels einer Lösung bestehend aus 2 % Zitronensäure, 2 % Extran™ und 94 % deionisiertem (DI) H_2O. Daraufhin wurden die Substrate erst mit DI-H_2O und dann mit Isopropanol gespült. Die Strukturierung des Substrats erfolgte durch den Fotoresist AZ5214 der MicroChemicals GmbH und anschließendem Ätzen mit Salzsäure. Bei Substrat I wurde keine Strukturierung der Grundelektrode vorgenommen. Für die Passivierung der Grundelektrode und somit die Definition der aktiven Fläche wurde ebenfalls der Fotoresist AZ5214 verwendet. Im Rahmen der Probenpräparation wurden die Substrate im Probenhalter positioniert und die Schattenmaske aufgesetzt. Die auf dem Substrat zu beschichtenden Bereiche wurden mit Schattenmasken definiert. Die Abscheidung der organischen Materialien erfolgte mit einer Depositionsrate im Bereich von 0,02 Å/s bis

[1] Vielen Dank an Frau Justyna Rodziewicz und Frau Kathleen Möhring für die Herstellung der Substrate.

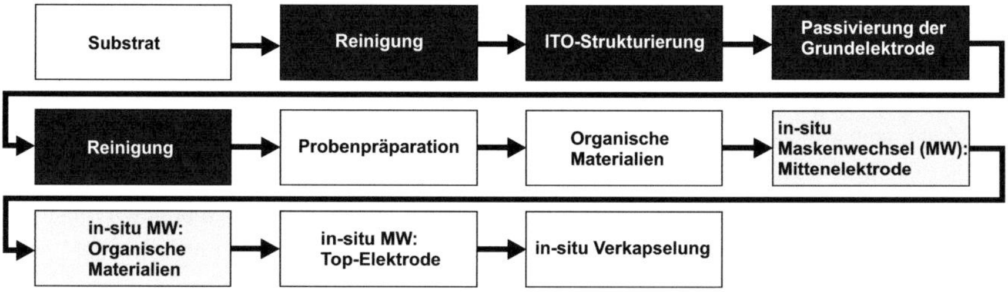

Abbildung 3.1: Schematische Darstellung der OLED-Herstellung. Dunkel hinterlegt sind nasschemische Prozesse der Substratbearbeitung, weiß hinterlegt sind Prozesse zur Herstellung einfacher OLEDs, grau hinterlegt sind zusätzliche Prozesse zur Herstellung gestapelter farbabstimmbarer OLEDs.

0,5 Å/s. MoO_3 wurde mit einer Depositionsrate von 0,25 Å/s abgeschieden. Für die Deposition der metallischen Top- bzw. Mitten-Elektroden wurde eine Depositionsrate von 4 Å/s für Al bzw. von 2 Å/s für Ag gewählt. Die für die Abscheidung der Elektroden erforderlichen Maskenwechsel wurden ohne Vakuumunterbrechung durchgeführt. Für die Herstellung gestapelter farbabstimmbarer OLEDs wurde auf der Mitten-Elektrode ein weiterer organischer Schichtstapel deponiert. Die aktive Fläche dieses Stapels wurde durch den Überlapp der Mitten-Elektrode und der Top-Elektrode definiert. Die Glasdeckelverkapselung der OLEDs erfolgte in N_2-Atmosphäre. Weitere Details zur Verkapselung sind in [81] gegeben.

3.2 Beschichtungsverfahren

Im folgenden Abschnitt werden die für die vorliegende Arbeit relevanten Verfahren zur Deposition von Dünnschichtstrukturen beschrieben und die verwendeten Beschichtungsanlagen vorgestellt.

3.2.1 Organische Molekularstrahldeposition

Die Deposition der organischen Materialien erfolgte im Ultrahochvakuum mittels organischer Molekularstrahldeposition (engl. organic molecular beam deposition, OMBD).
Nach dem Prinzip der OMBD werden aus resistiv beheizten Effusionszellen die organischen Materialien verdampft oder sublimiert. Die sich in der Gasphase befindenden organischen Moleküle kondensieren schließlich zumeist ungeordnet bedingt durch geringe Van-der-Waals-

Wechselwirkungen auf einem Substrat. Im Gegensatz zum Verfahren der Molekularstrahl-Epitaxie (engl. molecular beam epitaxy, MBE) das in erster Linie zur Abscheidung kristalliner anorganischer Halbleitermaterialien verwendet wird, müssen bei der OMBD keine Prozessbedingungen eingehalten werden, die ein epitaktisches Wachstum ermöglichen.
In der vorliegenden Arbeit wurden zwei Beschichtungsanlagen zur Herstellung der verschiedenen OLED-Strukturen verwendet. Die Anlagen unterscheiden sich im Wesentlichen durch die prozessierbare Substratgröße. Die in Kapitel 5 vorgestellten top-emittierenden und transparenten Bauelemente wurden mit dem in Abbildung 3.2 dargestellten Cluster-System prozessiert. Diese Anlage verfügt über ein lineares Transfersystem, von dem aus fünf Organikkammern und eine Metallisierungskammer mit Substraten bis zu einer Größe von 35×50 mm^2 beladen werden können. Darüber hinaus sind mit dem System eine Kelvin-Sonde zur Messung der Austrittsarbeit von Oberflächen und eine Kammer zur Kathodenzerstäubung (engl. sputtering) verbunden. Die zu prozessierenden Proben können wahlweise direkt durch eine Schleuse (engl. fast entry) oder über eine N_2-Box in das Transfersystem eingebracht werden. Das gesamte System wird mittels einer Kombination aus ölfreien Scroll-Vorvakuumpumpen und Turbomolekularpumpen evakuiert. Daraus resultiert ein mittlerer Basisdruck von etwa 10^{-8} mbar für die OMBD-Kammern, ein Basisdruck von 10^{-7} mbar für die Sputter-Kammer sowie ein Basisdruck von 10^{-6} mbar für die Metallisierungskammer. Die Evaporation der

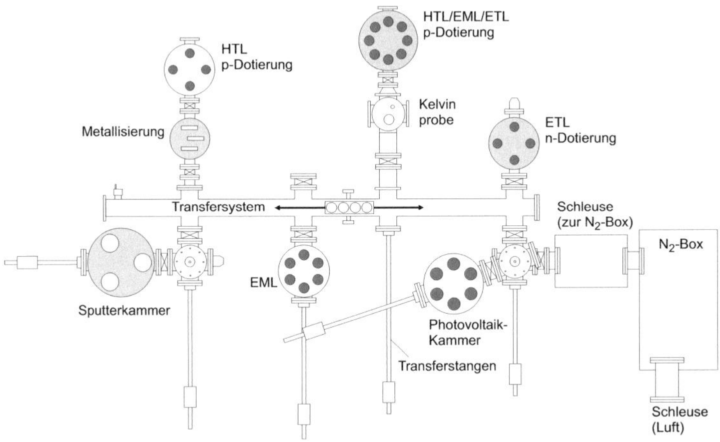

Abbildung 3.2: Schematische Darstellung eines OMBD-Cluster-Systems mit linearem Transfersystem. Grau hinterlegt sind die Prozesskammern, die für diese Arbeit relevant sind.

Materialien in der Metallisierungskammer erfolgte aus drei resistiv beheizbaren Schiffchen. Die in dieser Arbeit verwendeten Materialien Silber (Ag) und Lithiumfluorid (LiF) wurden aus Molybdän-Schiffchen verdampft. Die Deposition der Al-Schichten erfolgte aus einem Keramiktiegel, der in ein Molybdän-Schiffchen eingesetzt wurde. Alle organischen Materialien wurden aus speziell angefertigten temperaturgeregelten Effusionszellen evaporiert. Die verwendeten Metalloxide zur Dotierung hingegen wurden aus kommerziell erhältlichen MBE-Effusionszellen abgeschieden. Diese Zellen verfügen über eine Wasserkühlung und sind für Zelltemperaturen von bis zu 1400 °C ausgelegt. Die Depositionsraten wurden mit Hilfe von kalibrierten Schwingquarzen gemessen. Mechanische Shutter-Bleche über den Effusionszellen ermöglichten ein Abschatten des Substrats gegenüber dem Molekularstrahl. Durch paralleles Heizen verschiedener Materialien konnte daurch eine erhebliche Verringerung der Prozesszeit erreicht werden. Eine homogene Schichtdicke des auf dem Substrat deponierten Films wurde durch einen großen Effusionszelle-Substrat-Abstand von ca. 30 cm sowie durch Rotation des Substrats erzielt. Die für diese Arbeit relevanten Depositionskammern des OMBD-Systems sind in Abbildung 3.2 grau hinterlegt dargestellt. Eine detaillierte Beschreibung des Cluster-Systems ist [22] zu entnehmen.

Die in Kapitel 4 und Kapitel 6 vorgestellten Bauelemente wurden mit dem in Abbildung 3.3 dargestellten Cluster-System hergestellt. Im Gegensatz zu dem oben beschriebenen System verfügt diese Beschichtungsanlage über ein rotatorisches Transfersystem und ist für die Beschichtung von Substraten mit einer Größe von bis zu 100 × 100 mm^2 ausgelegt. Zusätzlich ist bei diesem System die Möglichkeit der Verkapselung der OLEDs in N_2-Atmosphäre gegeben. Eine detaillierte Beschreibung dieses Cluster-Systems ist [79, 80] zu entnehmen.

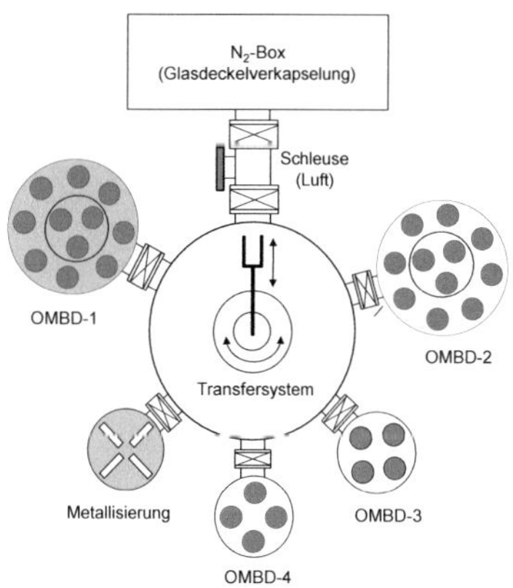

Abbildung 3.3: Schematische Darstellung der OMBD-Cluster-Anlage mit rotatorischem Transfersystem. Grau hinterlegt sind die Kammern, die für diese Arbeit relevant sind.

3.2.2 Kathodenzerstäubung

Die Kathodenzerstäubung, auch Sputtern genannt, ist ein Verfahren der physikalischen Gasphasenabscheidung (engl. physical vapor deposition). Bei diesem Prozess wird das zu zerstäubende Material (engl. target) mit Gasionen bombardiert. Durch den Energieübertrag der Gasionen geht das zu sputternde Material in die Gasphase über und kondensiert schließlich auf dem zu beschichtenden Substrat. Grundlegend werden Sputterprozesse in zwei Arten unterteilt. Erfolgt der Depositionsprozess durch Anlegen eines elektrischen Gleichfeldes spricht man von DC-Sputtern. Wird hingegen ein elektrisches Wechselfeld verwendet spricht man von RF-Sputtern. Das Funktionsprinzip eines DC-Sputterprozesses in einer Diodenanordnung ist in Abbildung 3.4 dargestellt. Das Target-Material befindet sich in dieser Anordnung auf der Kathode, welche mit einem negativen Potential versehen ist. Die Kammerinnenwand und das Substrat stellen die Anode dar. Aufgrund des elektrischen Feldes beschleunigen freie Elektronen in Richtung der Anode und kollidieren mit Atomen des Prozessgases, wie beispielsweise Argon (Ar) und bewirken so eine Ionisation der Ar-Atome und somit die Ausbildung eines Plasmas. Die Ar-Ionen werden aufgrund der Potentialdifferenz zwischen Anode und Kathode in Richtung der Kathode beschleunigt und geben beim Auftreffen auf das Target ihre kinetische Energie an die im Target gebundenen Partikel ab. Ist diese Energie höher als die Bindungsenergie der Teilchen im Target, so werden diese aus dem Target ausgelöst und kondensieren schließlich auf dem zu beschichtenden Substrat. Die gesputterten Partikel kollidieren jedoch auf ihrem Weg zum Substrat wiederum mit Elektronen und Ar-Ionen wodurch ihre Wegstrecke beeinflusst wird. Die deponierten Partikel wirken demnach aus allen Raumrichtungen auf das Substrat ein. Die Folge ist ein höchst ungerichteter Depositionsprozess. Der beschriebene DC-Prozess ist auf die Deposition leitfähiger Targetmaterialien

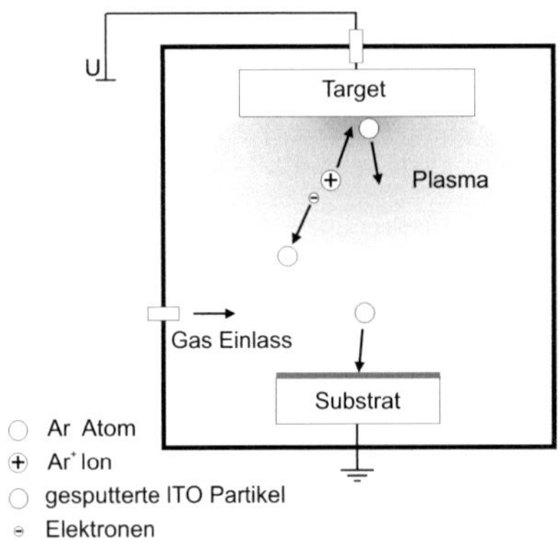

Abbildung 3.4: Schematische Darstellung eines Sputter-Prozesses mit einer gleichförmigen Kathodenspannung (DC).

limitiert. Die Deposition dielektrischer Materialien ist mit einem RF-Prozess möglich. Die Anregungsfrequenz des elektrischen Wechselfeldes beträgt üblicherweise 13,56 MHz. Durch das Wechselfeld werden im Wesentlichen freie Elektronen beschleunigt während die vergleichsweise schweren Gasionen aufgrund ihrer Trägheit dem Feld nicht folgen können. Die auf das Target aufschlagenden Elektronen bewirken eine negative Aufladung, woraus zwischen Anode und Target eine Potentialdifferenz resultiert. Die sich einstellende Spannung wird Self-Bias-Spannung (U_{SB}) genannt. Durch diese Potentialdifferenz werden nun die Gasionen in Richtung der Kathode beschleunigt. Durch Einbringen eines Kondensators zwischen Kathode und RF-Generator, der das Abfließen der Elektronen über die Kathode verhinder, können in dieser Konfiguration auch leitfähige Targetmaterialien abgeschieden werden. In der vorliegenden Arbeit wurden die gesputterten Schichten als Top-Elektrode für organische Bauelemente eingesetzt. Diese Anwendung setzt schonende Prozessbedingungen, wie beispielsweise eine möglichst geringe RF-Leistung, voraus [8, 82, 83]. Da mit einem RF-Prozess die gleiche Abscheiderate im Vergleich zu einem DC-Prozess mit geringeren Leistungen erreicht wird, wurden in der vorliegenden Arbeit ausschließlich RF-Prozesse verwendet [84]. Des Weiteren wurde eine Kathode mit einer Magnetron-Anordnung verwendet.
Beim Magnetron-Sputtern wird eine Erhöhung der Depositionsrate durch das gezielte Einbringen eines Magnetfeldes erreicht. Die freien Elektronen werden durch dieses Magnetfeld auf eine Kreisbahn über dem Target gezwungen. Dadurch wird die Ionisationsrate der Gasatome über dem Target und somit auch die Depositionsrate der Target-Partikel erhöht. Die elektrischen, optischen und strukturellen Eigenschaften eines durch Sputter-Deposition abgeschiedenen Films sind von einer Vielzahl an Prozessparamertern abhängig [84–86]. Eine detaillierte Beschreibung der in der vorliegenden Arbeit verwendeten Prozessparameter sowie der verwendeten Materialien folgt in Kapitel 5.

3.2.3 Atomlagenabscheidung

Die Atomlagenabscheidung (engl. atomic layer deposition, ALD) gehört zur Gruppe der chemischen Gasphasenabscheidung (engl. chemical vapor deposition, CVD). In einen Reaktor werden alternierend Pulse eines Präkursorgases, beispielsweise Trimethylaluminium (TMA) und eines Reaktanten, beispielsweise H_2O eingelassen. Die Schichtabscheidung im Reaktor erfolgt aufgrund der chemischen Reaktion des Präkursorgases mit dem Reaktanten. Alle überschüssigen Reaktionsprodukte werden zwischen den Pulsen durch Spülen mit einem inerten Gas, beispielsweise N_2 aus dem Reaktor entfernt. Der ALD-Prozess ist selbstlimitierend und ermöglicht durch das Abscheiden einzelner Atomlagen ein sehr homogenes und defektfreies Schichtwachstum [47].

In der vorliegenden Arbeit wurde für die Abscheidung der Alumiumoxid- (Al_2O_3) und der Zirkonoxid- (ZrO_2) Schichten ein Reaktor (Savannah^{TM}200) von Cambridge Nanotech Inc. verwendet. Eine detaillierte Beschreibung des Reaktors sowie des prinzipiellen Schichtwachstums sind in [37, 87] gegeben.

3.3 Analytische Verfahren

Im folgenden Abschnitt werden die analytischen Verfahren zur Charakterisierung der organischen Bauelemente sowie die Charakterisierung einzelner organischer und anorganischer Dünnfilmstrukturen beschrieben.

3.3.1 Elektrooptische Charakterisierung der OLED-Strukturen

Die elektrooptische Charakterisierung der OLED-Bauelemente basiert auf der Messung radiometrischer Größen, wie beispielsweise der von einer OLED emittierten optischen Leistung in Abhängigkeit von den elektrischen Größen Strom und Spannung. Wie bereits in Kapitel 2.4 diskutiert, ist das menschliche Auge nicht für alle Wellenlängen im sichtbaren Spektralbereich gleichermaßen empfindlich. Das Helligkeitsempfinden des Menschen in Abhängigkeit von der Wellenlänge wird daher durch die von der CIE empirisch ermittelte Helligkeitsempfindlichkeitskurve V(λ) beschrieben. Durch die Gewichtung der radiometrischen Größen mit V(λ) erfolgt eine subjektive Bewertung der Helligkeit einer Lichtquelle aus der Sicht des menschlichen Auges. Die aus dieser Gewichtung resultierenden Größen werden photometrische Größen genannt. In Tabelle 3.2 sind die für die OLED-Charakterisierung relevanten photometrischen Größen aufgelistet [75]. Ausgehend von einer Lambert'schen Abstrahlcharakteristik wird die Effizienz einer OLED-Struktur durch den photometrischen Wirkungsgrad η_{ph} und den Luminanzwirkungsgrad η_{lum} wie folgt beschrieben:

Tabelle 3.2: Für die OLED-Charakterisierung relevante photometrische Größen.

Größe	Symbol	Beschreibung	Einheit
Lichtstrom	Φ		lm
Lichtstärke	I	Lichtstrom / durchstrahlter Raumwinkel	cd = lm/sr
Leuchtdichte	L	Lichtstärke / durchleuchteter Fläche	cd/m^2
phot.-Wirk.	η_{phot}	Leuchtdichte / Stromdichte	cd/A
lum.-Wirk.	η_{lum}	Lichtstrom / elektrische Leistung	lm/W

$$\eta_{\text{ph}} = \frac{L}{J}, \qquad \eta_{\text{lum}} = \frac{\pi L}{UJ} \tag{3.1}$$

L bezeichnet die Leuchtdichte, J die Stromdichte und U die elektrische Spannung der OLED-Struktur.

LIV-Messplatz

Die Leuchtdichte-Stromdichte-Spannungs- (LIV) Messungen der OLEDs wurden an Luft durchgeführt. Für die Bereitstellung des Betriebsstroms bzw. der Betriebsspannung der OLED wurde eine Strom-Spannungsquelle mit integrierter Messfunktion (engl. source measure unit, SMU) der Firma Keithley (Keithley 2400) verwendet. Die Messung der optischen Leistung der OLEDs erfolgte durch eine kalibrierte Photodiode (Advantest TQ 82214), angeschlossen an einen optischen Leistungsmesser (Advantest TQ 8221). Anhand einer Kalibrierung mit einer Leuchtdichtekamera (Minolta LS-110) wurden die gemessenen radiometrischen Größen in photometrische Größen unter Berücksichtigung des Abstands zwischen Probe und Detektor sowie der spektralen Abstrahlcharakteristik transformiert. Eine schematische Darstellung des verwendeten Messaufbaus ist in Abbildung 3.5 gegeben. Die strom- bzw. spannungsabhängigen Emissionsspektren der OLEDs wurde mit Hilfe eines Faser-Spektrometers (TecFive MMS UV-VIS II) gemessen.

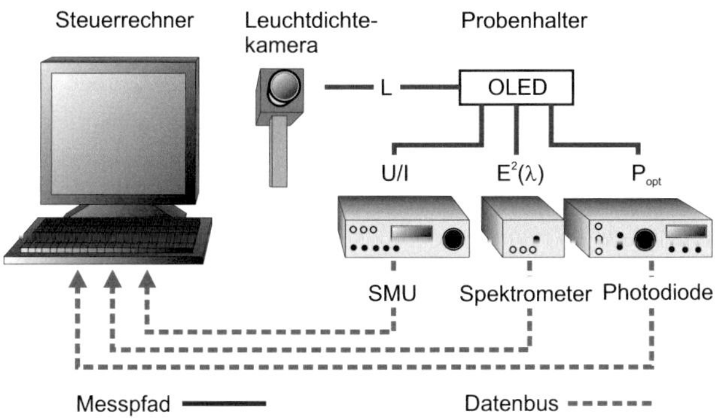

Abbildung 3.5: Schematische Darstellung des Messaufbaus zur elektrooptischen Charakterisierung der OLED-Strukturen.

Winkelaufgelöste Messung der Emissionsspektren

Aufgrund der Kavitätseffekte innerhalb einer OLED kann eine Verschiebung des Emissionsspektrums sowie eine Variation der abgestrahlten Intensität in Abhängigkeit des Betrachtungswinkels erfolgen (vgl. Kapitel 2.3.1). Für die vollständige Charakterisierung einer OLED ist folglich die winkelaufgelöste Messung der Emissionsspektren erforderlich. Der in der vorliegenden Arbeit verwendete Messaufbau beinhaltet einen xyz-Verschiebetisch, eine optische Strecke, sowie ein Faserspektrometer. Eine definierte Fläche der OLED wird auf die Faserstirnfläche des Faserspektrometers (Triax320, CCD4000, Jobin Yvon) abgebildet. Durch Rotation der auf dem xyz-Verschiebetisch montierten OLED um die Z-Achse kann somit das Emissionsspektrum in Abhängigkeit des Betrachtungswinkels aufgenommen werden. Der Messaufbau ist in [37] detailliert beschrieben.

Optische Simulation

Die optische Simulation der OLED-Strukturen wurde mit der kommerziell erhältlichen Software ETFOS 1.4 der Fluxim AG durchgeführt. Das Modell dieser Simulation basiert auf der klassischen Annahme der elektrodynamischen Prozesse lichtemittierender Dipoloszillatoren eingebettet in eine planare Dünnschichtstruktur. Berechnet werden die radiometrischen sowie die photometrischen Größen, wie beispielsweise Radianz und Leuchtdichte der OLED-Struktur in Abhängigkeit des Betrachtungswinkels und der Dipolposition. Des Weiteren kann die spektrale Verschiebung des Emissionsspektrums in Abhängigkeit des Betrachtungswinkels simuliert werden. Die daraus resultierenden spektralen Daten werden von dem Programm direkt in den CIE-Farbort und den CRI umgerechnet und ermöglichen somit einen schnellen Vergleich zwischen Simulation und experimentell ermittelten Daten. Darüber hinaus können komplexe OLED-Schichtstapel bezüglich ihrer Effizienz und Farbe im Vorfeld mit Hilfe der optischen Simulation optimiert werden, was den experimentellen Aufwand erheblich verringert. Die Eingabedaten des Simulationsprogramms sind die Schichtdicken der einzelnen Schichten, die komplexen Brechungsindizes der verwendeten Materialien und das intrinsische Emissionsspektrum sowie die Dicke, Position und die Verteilung der Emissionszone(n) der Emissionsschicht(en). Die intrinsischen Emissionsspektren der Emissionsschichte(n) wurden anhand von Photolumineszenzmessungen ermittelt. Die Brechungsindizes der verwendeten Materialien wurden mit Hilfe von ellipsometrischen Messungen bestimmt bzw. aus der ETFOS-Datenbank entnommen.

3.3.2 Charakterisierung der Dünnschicht-Strukturen

Im folgenden Abschnitt werden die analytischen Verfahren sowie die verwendeten Messgeräte zur Charakterisierung der Dünnschichtstrukturen bezüglich ihrer elektrischen, strukturellen und optischen Eigenschaften erläutert.

Elektrischen Eigenschaften

Die Ladungsträgerdichte, Ladungsträgerbeweglichkeit sowie die Leitfähigkeit der anorganischen Dünnschichten wurden mit Hilfe eines Hall-Messaufbaus in Van-der-Pauw-Anordnung ermittelt [88]. Der Schichtwiderstand $\mathrm{R_S}$ wurde aus der Leitfähigkeit σ und der Dicke d der Dünnschichten wie folgt bestimmt:

$$R_\mathrm{S} = \frac{1}{\sigma d}. \tag{3.2}$$

Morphologie und Schichtdicke

Die Morphologie der Dünnschichtstrukturen wurde mittels Rasterkraftmikroskopie (atomic force microscopy, AFM) untersucht. Das verwendete Gerät (DualScope DS-45-40) der Firma Danish Micro Engineering verfügte über eine Silizium Messspitze und wurde in kontaktlosem Modus betrieben. Die Schichtdicke der Dünnschichtstrukturen wurde mit einem Stufenprofilometer (Dektak 8) der Firma Veeco gemessen.

Optische Parameter

Die Transmittanz der Dünnschichtstrukturen wurde mit einem UV-VIS-Spektrometer (Lambda 9) der Firma Perkin-Elmer ermittelt. Die komplexen Brechungsindizes der Dünnfilme wurden anhand von Ellipsometrie-Daten bestimmt. Diese Daten wurden mit einem Ellipsometer (GESP 5) der Firma Sopralab ermittelt.

Kapitel 4

Sub-OLEDs zur Farbgestaltung

In den letzten Jahren wurden zahlreich Konzepte zu Realisierung weiß emittierender OLEDs untersucht. Da die Emissionsspektren organischer Materialien nicht beliebig breit sind, ist allen Konzepten die spektrale Überlagerung, also die additive Farbmischung einzelner Emissionsspektren zu einem resultierenden Spektrum gemein. Drei grundlegende Konzepte zur Realisierung von Weißlicht-OLEDs sind im Folgenden aufgelistet.

- direkt aufeinanderfolgende Emissionsfilme: Zwei oder mehrere Emissionsschichten werden in direkter Abfolge zu einer OLED-Struktur deponiert [57, 89, 90].
- mehrfach dotierte Emissionsfilme: Zwei oder mehrere Emittermaterialien werden in ein Matrixmaterialien innerhalb einer OLED-Struktur eindotiert [91, 92].
- gestapelte OLEDs: Zwei (Tandem-Struktur) oder mehrere OLED-Strukturen werden mittels einer ladungsträgergenerierenden Zwischenschicht vertikal gestapelt [49–51].

Der gewünschte Weißpunkt im Normfarbsystem der CIE (vgl. Kapitel 2.4.1) kann durch die Überlagerung von zwei oder mehreren Farben erreicht werden. Die Anzahl der verwendeten Einzelspektren wirkt sich im Wesentlichen auf die Breite des resultierenden Spektrums und somit auf den Farbwiedergabeindex (CRI) aus (vgl. Kapitel 2.4.2). Als Referenzspektrum für die Berechnung des CRI wird üblicherweise das Emissionsspektrum eines Planckschen Strahlers mit einer spezifischen Farbtemperatur verwendet. Ein hoher Farbwiedergabeindex wird folglich mit einem möglichst breiten Emissionsspektrum erzielt. Für Beleuchtungsanwendungen wird daher eine Annäherung des Emissionsspektrums an das eines Planck'schen Strahlers angestrebt (vgl. Kapitel 4.1). Aus der Möglichkeit, mit Hilfe einer Vielzahl von Emittermaterialien ein beliebig breites Spektrum und somit einen hohen CRI ($>$85) erzeugen zu können, ergeben sich neben der Raumbeleuchtung weitere Anwendungsfelder [5]. Für Spezialbeleuchtungsanwendungen, wie beispielsweise in der Medizintechnik, ist ein hoher

Farbwiedergabeindex von großer Bedeutung. Dieser ermöglicht einen hohen Farbkontrast bei der Beleuchtung menschlichen Gewebes und verbessert somit die Arbeitsbedingungen des untersuchenden oder operierenden Arztes. Darüber hinaus kann durch Variation der Farbtemperatur der Operationsleuchte das Kontrastverhältnis, entsprechend den Farbabstufungen des beleuchteten Gewebes, angepasst werden. Bei den oben genannten Konzepten ist eine Variation der Lichtfarbe der Weißlicht-OLED während des Betriebs nicht möglich. Für eine solche Anwendung muss die Möglichkeit gegeben sein, die Intensitäten der Emissionsspektren der einzelnen Emittermaterialien unabhängig voneinander einstellen zu können. Durch die Deposition einer kontaktierbaren Mitten-Elektrode zwischen zwei gestapelten OLEDs wird dies gewährleistet. In der Literatur wurde das Prinzip separat ansteuerbarer gestapelter rot, grün und blau emittierender OLEDs anhand von OLED-Pixeln für Displayanwendungen bereits gezeigt [6, 67, 93, 94]. Im nachfolgenden Kapitel werden daher die Anforderungen an eine farbabstimmbare Weißlicht-OLED sowie der prinzipielle Aufbau einer solchen Struktur im Hinblick auf Raumbeleuchtung und medizinische Leuchten definiert. Die daraus resultierenden Spezifikationen der Einzel-OLEDs hinsichtlich der Lichtfarbe, der Effizienz und der Lebensdauer werden zunächst aufgezeigt und letztlich anhand von Bauteilstrukturen untersucht und diskutiert. Abschließend werden verschiedene Konzepte zur Umsetzung orange emittierender Sub-OLEDs vorgestellt und verglichen. Die separat ansteuerbaren Einzel-OLEDs der gestapelten Struktur werden im Folgenden als Sub-OLEDs bezeichnet.

4.1 Anforderungen für Raumbeleuchtung und medizinische Leuchten

Aus dem Anwendungsfeld der Raum- bzw. Spezialbeleuchtung, wie beispielsweise in der Medizintechnik, resultieren für eine gestapelte farbabstimmbare Weißlicht-OLED Randbedingungen, die die Auswahl der organischen Materialien sowie die Bauteilkonzeption maßgeblich beeinflussen. Um gegenüber herkömmlichen Lichtquellen, wie beispielsweise der LED, Glühlampe oder Fluoreszenzlampe, konkurrenzfähig zu sein, sind im Wesentlichen vier charakteristische Größen einer Lichtquelle zu beachten, die diese Randbedingungen definieren.

- Farbort (CIE) und Farbtemperatur
- Farbwiedergabeindex (CRI)
- Effizienz
- Lebensdauer

Die Fortschritte innerhalb der letzten Jahre in der Forschung bezüglich dieser Kenngrößen belegen, dass die OLED-Technologie speziell im Bereich der Raumbeleuchtung ein großes Potential besitzt [95]. Ein wesentlicher Beitrag zum Erreichen hoher Wirkungsgrade basiert auf der Verwendung phosphoreszenter Farbstoffe, die mit einer internen Quanteneffizienz von nahezu 100 % im Wesentlichen jedes injizierte Elektron-Loch Paar in ein Photon umwandeln können. Auf diesem Wege konnten Effizienzen von 44 lm/W bei 1000 cd/m^2 ($CIEx = 0{,}335$, $CIEy = 0{,}396$) mit weißemittierenden OLEDs erreicht werden [96]. Für eine Demonstration der Leistungsfähigkeit der OLED-Technologie in dem Spezialbereich der Medizintechnik wurden die Anforderungen an farbabstimmbare Weißlicht-OLEDs für medizinische Anwendungen wie folgt definiert.[1] Die Variation der Lichtfarbe soll linear durch einen tangentiale Annäherung an die Planck-Kurve in einem Farbtemperaturbereich von 4000 K bis 5000 K erfolgen. Der CRI (R_a) soll einen für medizintechnische Anwendungen relevanten Wert von etwa 90 erreichen. Die Sub-OLEDs sollen vergleichbar zu einer Halogenleuchte eine Lebensdauer von 1500 h aufweisen. Für das gestapelte Bauelement soll eine Effizienz von 15 cd/A bzw. 10 lm/W erreicht werden.

Der schematische Aufbau einer farbabstimmbaren Weißlicht-OLED mit zwei separat ansteuerbaren gestapelten Sub-OLEDs ist in Abbildung 4.1 a) dargestellt. Die Abbildungen 4.1 b) bis e) zeigen die Ersatzschaltbilder des Schichtstapels möglicher Verschaltungskonzepte. Zunächst sei angemerkt, dass im Hinblick auf die Realisierung der elektronischen Ansteuerung der farbabstimmbaren Weißlicht-OLED das Konzept der gemeinsamen Anode bzw. der gemeinsamen Kathode in Abbildung 4.1 b) bzw. c) bevorzugt wird. Im Falle einer seriellen Verschaltung von Sub-OLED I und Sub-OLED II, dargestellt in Abbildung 4.1 d) und e), ist die Mitten-Elekrode gleichzeitige Anode und Kathode für beide Sub-OLEDs. Die Spannungsquellen U_I und U_{II} müssen dazu galvanisch voneinander getrennt sein und dürfen kein gemeinsames internes Massepotential, wie beispielsweise eine gemeinsame Erdung besitzen. Dies ist in einem diskreten Aufbau mit zwei separaten SMUs oftmals gewährleistet. Für die Realisierung der elektronischen Ansteuerung auf Basis einer integrierten Schaltung ist dieses Konzept jedoch nicht geeignet. Ein weiterer Aspekt hinsichtlich der Konfiguration des Schichtstapels ist die Materialwahl der Mitten-Elektrode. Die größte Flexibilität bietet dazu das Konzept der gemeinsamen Anode. Neben der etablierten thermischen Deposition von semitransparenten metallischen Mitten-Elekroden ermöglicht diese Konfiguration ebenfalls die Sputter-Deposition transparenter Elektrodenmaterialien, wie beispielsweise ITO, das sich elektronisch für die Lochinjektion eignet (vgl. Kapitel 5.3). Das Schichtkonzept der gemeinsamen Anode wird daher in der vorliegenden Arbeit für die Umsetzung einer gestapelten farbabstimmbaren Weißlicht-OLED bevorzugt. Die daraus resultierende Invertierung des

[1] Die Leistungsmerkmale beispielsweise einer Operationsleuchte sind in der Norm IEC 60601 definiert.

Schichtstapels von Sub-OLED I muss daher in dem folgenden Abschnitt Berücksichtigung finden.

Die hohen Anforderungen an den CIE-Farbort und die Farbwiedergabe der zu entwickelnden OLED-Module setzten eine spezifische Auswahl der Emittermaterialien zunächst bezüglich ihrer Emissionsspektren voraus. In Abbildung 4.2 a) sind schematisch drei gaussverteilte Emissionsverläufe im blauen, gelben und roten Spektralbereich sowie deren Überlagerung zu einem weißen Emissionspektrum im Vergleich zu einem Planck'schen Strahler mit einer Farbtemperatur von 5000 K dargestellt. In dieser Kombination der Einzelspektren werden für das resultierende weiße Emissionsspektrum ein CRI von 85 sowie ein CIE-Farbort von $CIEx = 0{,}34$ und $CIEy = 0{,}35$ erzielt und somit die zuvor definierten Anforderungen an den CRI und den CIE-Farbort erfüllt. Ein vergleichbarer Farbort ist auch durch die Überlagerung von zwei Einzelspektren zu erreichen. Aufgrund der fehlenden Anteile im gelben Spektralbereich resultiert daraus jedoch nur ein CRI von <70. In Abbildung 4.2 b) sind die CIE-Farborte der drei Emissionsspektren dargestellt. Ausgehend von der Tatsache, dass die Farbmischung und die Variation der Lichtfarbe entlang der Planck-Kurve auf der Basis von zwei vertikal gestapelten Sub-OLEDs erfolgen soll, kann eine tangentiale Annäherung an die Planck-Kurve in dem geforderten Farbtemperaturbereich von 4000 K bis 5000 K (C) nur durch die Überlagerung einer blau und einer orange emittierenden Sub-OLED erreicht werden. Zusätzlich setzt ein hoher CRI die Überlagerung der drei Emissionsspektren im blauen, gelben und roten Spektralbereich voraus. Für die Realisierung einer orange emittierenden Sub-OLED ist daher die Kombination eines rot und eines gelb emittierenden Farbstoffs in einer Sub-OLED erforderlich (vgl. Kapitel 4.3). Des Weiteren wird die orange emittierende Sub-OLED als substratseitige Sub-OLED I und die blau emittierende Sub-OLED als Sub-

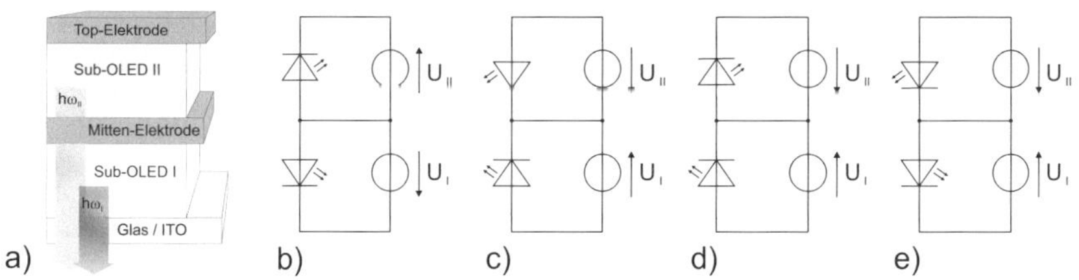

Abbildung 4.1: a) Schematische Darstellung eines Schichtstapels bestehend aus zwei individuell ansteuerbaren Sub-OLEDs. Ersatzschaltbild des Schichtstapels für eine Bauteilkonfiguration mit gemeinsamer Anode (b), gemeinsamer Kathode (c) sowie konventioneller (d) und invertierter (e) serieller Verschaltung.

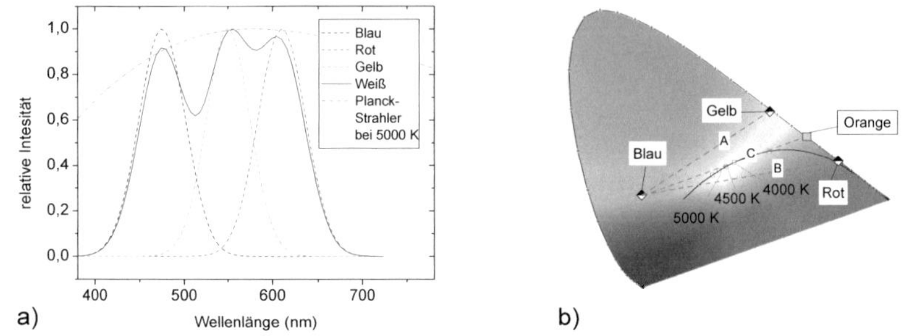

Abbildung 4.2: a) Schematische Darstellung dreier Emissionsspektren im blauen, gelben und roten Spektralbereich und deren normierte Überlagerung sowie das Emissionspektrum eines Planck'schen Strahlers bei einer Farbtemperatur von 5000 K. b) Aus den Emissionsspektren ermittelte CIE-Farborte. Die Verbindungsgeraden zwischen den Farborten deuten die intensitätsabhängige Überlagerung der Emissionsspektren von Gelb und Blau (A), Rot und Blau (B), sowie die tangentiale Annäherung an die Planck-Kurve (C) an .

OLED II definiert. Entsprechend des favorisierten Verschaltungskonzepts der gemeinsamen Anode muss demnach der orange emittierende Schichtstapel invertiert werden.

4.2 Emittersysteme und Bauelementstrukturen

Als Ausgangspunkt der Materialwahl dienen die bereits etablierten und kommerziell erhältlichen rot und blau emittierenden Farbstoffe Ir(MDQ)$_2$(acac) und DPAvBi. Die Emissionsspektren bzw. die Farborte der PL-Spektren sowie die Effizienz und die Lebensdauer dieser Materialien entsprechen den im vorangehenden Abschnitt definierten Anforderungen. Als gelb emittierender Farbstoff wurde das nicht kommerziell erhältliche bzq$_2$Ir(acac) verwendet. Im folgenden Abschnitt werden rot, gelb und blau emittierende einfache OLED-Strukturen auf Basis der Emittersysteme Ir(MDQ)$_2$(acac), bzq$_2$Ir(acac) und DPAvBi vorgestellt und untersucht. Anschließend wird deren Eignung für die Realisierung einer farbabstimmbaren Weißlicht-OLED diskutiert.

4.2.1 Phosphoreszente rot emittierende OLEDs

Als Basis für die Umsetzung der orange emittierenden Sub-OLED in einer gestapelten Weißlicht-OLED (vgl. Kapitel 4.1) wird der kommerziell erhältliche Iridium-Komplex

$Ir(MDQ)_2(acac)$ gewählt. Seit der ersten Vorstellung dieses Emittermaterials von Duan et al. wird $Ir(MDQ)_2(acac)$ vorwiegend als rote Komponente zur Erzeugung von Weißlicht verwendet [57, 90, 97–99]. In Kombination mit dem Matrixmaterial CBP konnten rot emittierende OLEDs mit maximalen Wirkungsgraden von 26 cd/A und 14 lm/W bei einer Peak-Wellenlänge des Emissionsspektrums von 610 nm gezeigt werden [97]. Etwas längerwellig mit einer Peak-Wellenlänge von 623 nm emittiert der verwandte Iridium-Komplex $Ir(piq)_3$. OLEDs auf Basis dieses Farbstoffs, ebenfalls mit CBP, als Matrixmaterial weisen jedoch im Vergleich zu $Ir(MDQ)_2(acac)$ geringere Wirkungsgrade von 8 cd/A und 6 lm/W bei auf [100]. Meerheim et al. erreichten für Bauteile mit $Ir(piq)_3$ als Dotand und α-NPD als Matrix immerhin eine Lebensdauer ($t_{1/2}$) von 11300 h bei einer Startleuchtdichte von 1000 cd/m^2 [101]. Durch Verwendung eines Misch-Matrix-Systems in Verbindung mit dem ebenfalls rot emittierenden Iridium-Komplex IHF-TE-15 konnte bei einer Leuchtdichte von 1000 cd/m^2 sogar eine Lebensdauer ($t_{1/2}$) von 50000 h gezeigt werden [102]. In Anbetracht der im Vergleich zu $Ir(MDQ)_2(acac)$ geringeren Effizienzen der Bauteile auf Basis von $Ir(piq)_3$ und IHF-TE-15 wird in der vorliegenden Arbeit daher ein Emittersystem bestehend aus α-NPD als Matrix- und $Ir(MDQ)_2(acac)$ als Emittermaterial gewählt. Durch die Verwendung dieses Systems in Kombination mit den literaturbekannten HTL- und ETL-Systemen (α-NPD:MoO_3 und BPhen:Cs_2CO_3) wird eine hohe Effizienz von bis zu 30 cd/A und 18 lm/W, sowie eine hohe Lebensdauer von bis zu 5000 h zu erwarten [79, 103]. Die beschriebenen rot emittierenden OLED Strukturen sind ausnahmslos als konventionelle Schichtstruktur aufgebaut, d.h. sie besitzen eine substratseitige Anode (ITO). Entsprechend des im vorangegangenen Abschnitt diskutierten Schichtkonzepts der gemeinsamen Anode ist jedoch die Invertierung der substratseitigen Sub-OLED erforderlich. Im folgenden Abschnitt wird daher eine konventionelle OLED-Struktur im Vergleich zu einer invertierten OLED-Struktur auf Basis des rot emittierenden Farbstoffs $Ir(MDQ)_2(acac)$ diskutiert.

Die Schichtstapel der untersuchten Strukturen sind in Abbildung 4.3 dargestellt. Die Lochinjektion aus der substratseitigen ITO-Elektrode erfolgt beim konventionellen Aufbau (Abbildung 4.3 a)) durch eine HIL bestehend aus 50 nm α-NPD dotiert mit MoO_3 (20 Gew.-%). Diese Schicht dient gleichzeitig als HTL. Die folgende EBL besteht aus 10 nm intrinsischem α-NPD. Als EL wurde ein mit $Ir(MDQ)_2(acac)$ (9 Gew.-%) dotierter α-NPD-Film der Schichtdicke 20 nm abgeschieden [57, 90]. Die folgende HBL besteht aus 10 nm intrinsischem NBPhen. Als ETL/EIL wurde eine mit Cs_2CO_3 (3 Gew.-%) dotierte BPhen-Schicht mit einer Schichtdicke von 50 nm deponiert. Die Struktur in Abbildung 4.3 b) entspricht der invertierten Schichtreihenfolge von Abbildung 4.3 a).

Die LIV-Charakteristika des konventionellen im Vergleich zum invertierten Aufbau ist in Abbildung 4.4 a) dargestellt. Aus dem IV-Verlauf ist für die invertierte Struktur eine, im

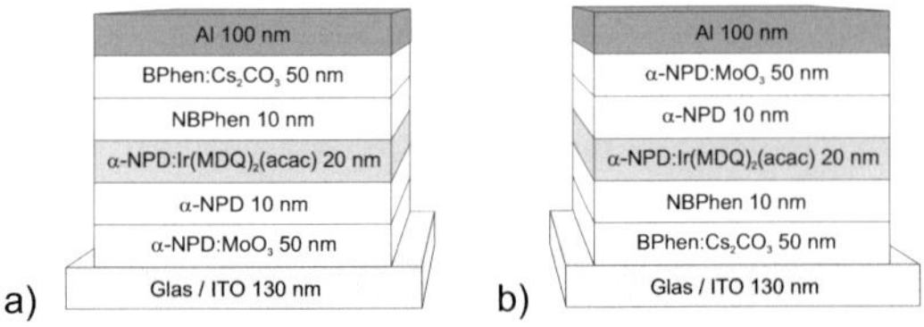

Abbildung 4.3: Schichtreihenfolge und Schichtdicken einer roten mit (a) konventioneller und (b) invertierter Bauelementstruktur auf Basis des Emittermaterials Ir(MDQ)$_2$(acac).

Vergleich zur konventionellen Struktur, um etwa 0,3 V höhere Einsetzspannung von 2,1 V zu entnehmen. Im Vergleich zum konventionellen Aufbau zeigt die Stromdichte des invertierten Aufbaus ebenso einen flacheren Anstieg. Dieser Effekt beruht auf einer größeren Injektionsbarriere und einem größeren Serienwiderstand des invertierten Bauteils, bedingt durch eine schlechtere Anpassung der Austrittsarbeit der Elektrodenmaterialien an die Transport-Niveaus der ETL bzw. HTL (vgl. Kapitel 2.2.3). Die aus den LIV-Charakteristika resultierenden Wirkungsgrade der OLEDs sind in Abbildung 4.4 b) dargestellt. Das invertierte Bauteil weist im Vergleich zum konventionellen Bauteil einen um 2 cd/A größeren maximalen photometrischen Wirkungsgrad von 14 cd/A auf. Das konventionelle Bauteil zeigt hingegen, bedingt durch die geringere Einsetzspannung, einen um etwa 2 lm/W größeren maximalen Luminanzwirkungsgrad von 16,5 lm/W im Vergleich zum invertierten Bauteil. Die Differenz des photometrischen Wirkungsgrads lässt auf eine ausgewogenere Ladungs-

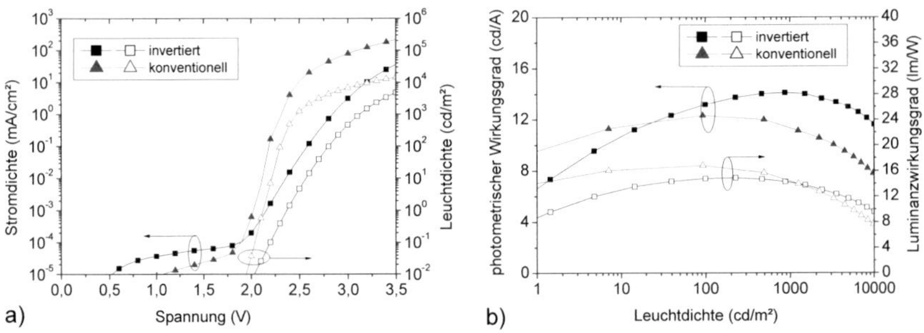

Abbildung 4.4: LIV-Charakteristika (a) und Darstellung der Wirkungsgrade (b) einer rot emittierenden OLED auf Basis des Emittermaterials Ir(MDQ)$_2$(acac) mit invertierter konventioneller und Bauelementstruktur.

trägerbalance aufgrund der veränderten Injektionseigenschaften innerhalb des invertierten Bauteils schließen [103].

Der spektrale Emissionsverlauf bei variierten Stromdichten, dargestellt in Abbildung 4.5, zeigt für beide Bauelemente eine von der Stromdichte unabhängige Peak-Wellenlänge. Für die Realisierung einer farbabstimmbaren gestapelten Weißlicht-OLED ist ein stromdichte- und somit helligkeitsunabhängiger spektraler Verlauf der Emission der Sub-OLEDs von großer Bedeutung. Eine helligkeitsabhängige spektrale Verschiebung des Emissionsspektrums einer Sub-OLED würde bei der Farbvariation der gestapelten Struktur zu einem nichtlinearen Verlauf im CIE-Koordinatensystem führen. Die Peak-Wellenlänge des invertierten Bauteils von 605 nm ist im Vergleich zu der des konventionellen Bauteils um 3 nm zu kleineren Wellenlängen verschoben. Aufgrund der p-leitenden Eigenschaft des Matrixmaterials (α-NPD) ist von einer diskreten Rekombinationszone an der EL/EBL-Grenzfläche auszugehen. Durch die Invertierung des Schichtstapels bei identischer integraler Schichtdicke wird somit der Abstand der Rekombinationszone und somit auch der Emissionszone zu den Elektroden der OLED verändert [67]. Die Folge ist eine Verschiebung des Emissionsspektrums (vgl. Kapitel 2.3.1). Die Auswirkungen der im vorliegenden Fall geringfügigen spektralen Verschiebung der Emission von 3 nm auf die Effizienz der Bauelemente, ist zu vernachlässigen [67].

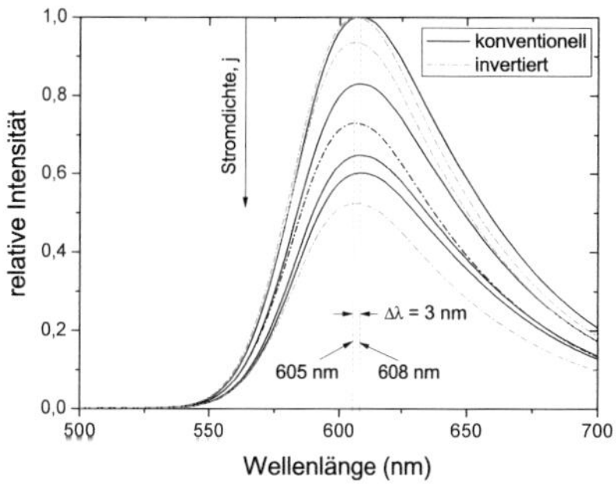

Abbildung 4.5: Emissionsspektrum in Abhängigkeit der Stromdichte einer rot emittierenden Ir(MDQ)$_2$(acac)-OLED mit konventioneller und invertierter Bauelementstruktur.

4.2.2 Phosphoreszente gelb emittierende OLEDs

Die Realisierung der erforderlichen orangen Sub-OLED erfolgt, wie in Kapitel 4.1 beschrieben, durch die Überlagerung eines roten Emissionsspektrums mit einem gelben Emissionsspektrum. Mögliche Bauelementstrukturen zur Realisierung der spektralen Überlagerung werden in Kapitel 4.3 näher erläutert. Für diese Konzepte ist eine vergleichbare photometrische Effizienz des roten und des gelben Emittersystems von Vorteil. Ein derartig effizientes gelbes

Emitter-Material, dass zusätzlich ein Emissionsspektrum mit einer Peak-Wellenlänge von etwa 550 nm aufweist, war jedoch zu diesem Zeitpunkt nicht kommerziell erhältlich. Der von Lamansky et al. vorgestellte nicht kommerziell erhältliche Iridiumkomplex $bzq_2Ir(acac)$ weist in CBP als Matrixmaterial einen photometrischen Wirkungsgrad von etwa 20 cd/A sowie eine Peak-Wellenlänge des Emissionsspektrums von etwa 560 nm auf [104]. Untersuchungen zu alternativen Matrixmaterialien, Effizienzoptimierungen oder Lebensdauern sind in der Literatur kaum vorhanden. Für das von Lamansky et al. verwendet Matrixmaterial CBP ist eine hohe Neigung zur Kristallisation bekannt [105]. Diese Materialeigenschaft ist jedoch für eine hohe Lebensdauer der OLEDs nicht zuträglich [106–110]. Aufgrund der in Kapitel 4.1 diskutierten Anforderungen an eine hohe Lebensdauer bietet sich jedoch das bereits in Kapitel 4.2.1 eingeführte α-NPD für eine Verwendung als Matrixmaterial für $bzq_2Ir(acac)$ an. Die vergleichbare energetische Lage der Transportniveaus des $bzq_2Ir(acac)$ von -2,8 eV (LUMO) und -5,4 eV (HOMO) mit denen des $Ir(MDQ)_2(acac)$ (-2,8 eV/-5,3 eV) bilden hierbei die Basis für einen effizienten Energietransfer zwischen Matrix- und Emittermolekül [111, 112]. Im folgenden Abschnitt werden daher die bauteilspezifischen Untersuchungen des genannten Emittermaterials vorgestellt und diskutiert. Der verwendete Emitterkomplex $bzq_2Ir(acac)$ wurde am Institut für Hochfrequenztechnik der TU Braunschweig hergestellt.[2]

Der Schichtstapel der untersuchten OLED-Struktur ist in Abbildung 4.6 dargestellt. Aufgrund des in Kapitel 4.1 näher erläuterten Stapelkonzepts wird analog zum roten Bauteil (vgl. Kapitel 4.2.1) eine invertierte Struktur betrachtet. Im Rahmen der ersten Untersuchungen von OLEDs mit α-NPD als Matrixmaterial wurden jedoch Effizienzen erzielt, die um den Faktor zehn kleiner waren als die des Referenz-Aufbaus von Lamansky [104]. Darauf aufbauende Optimierungsansätze, wie beispielsweise die Anpassung der Ladungsträgerbalance im Bauteil und der Dotierkonzentration des Emittermaterials, erbrachten keine signifikante Verbesserung der Wirkungsgrade. Als Matrixmaterial für $bzq_2Ir(acac)$ erwies sich α-NPD daher aufgrund der experimentellen Untersuchungen als ungeeignet. Eine Klärung dieser Tatsache soll der folgende Abschnitt erbringen.

Das Ionisationspotential des von Lamansky verwendeten CBP als Matrixmaterial beträgt 6,3 eV und ist somit um 0,9 eV größer als das des α-NPD (5,4 eV). Bei einer Elektronenaffinität von 2,5 eV (CBP) und 2,1 eV (α-NPD) resultiert eine energetische Bandlücke von 3,8 eV (CBP) und 3,3 eV (α-NPD) [113–115]. CBP weist somit im Vergleich zu α-NPD eine um 0,5 eV größere energetische Bandlücke auf. Das CBP-Derivat Spiro-2CBP zeigt, im Vergleich zu CBP, neben vergleichbaren HOMO- und LUMO-Niveaus eine deutlich geringere Kristallisationsneigung auf und bietet sich daher als alternatives Matrixmaterial

[2]Vielen Dank an Frau Justyna Rodziewicz für die Synthese und Aufreinigung des gelben Emittermaterials $bzq_2Ir(acac)$.

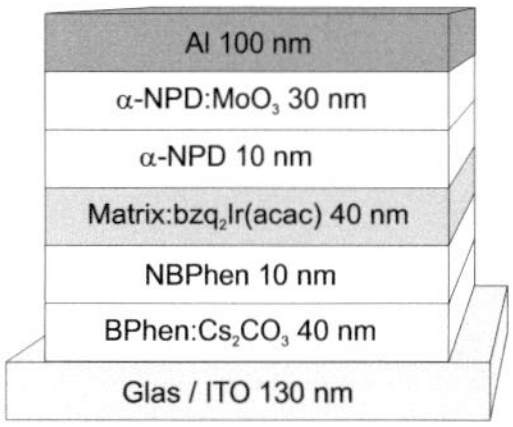

Abbildung 4.6: Schichtreihenfolge und Schichtdicken einer gelb emittierenden OLED mit invertierter Bauelementstruktur auf Basis des Emittermaterials $bzq_2Ir(acac)$.

für $bzq_2Ir(acac)$ an [116]. Für die Gegenüberstellung der beiden Matrixmaterialien Spiro-2CBP und α-NPD wurde der in Abbildung 4.6 gezeigte Schichtstapel verwendet. Die Dotierkonzentration des $bzq_2Ir(acac)$ entsprach bei beiden Matrixmaterialien 9 Gew.-%. Die resultierenden LIV-Charakteristika der OLEDs sind in Abbildung 4.7 dargestellt. Aus dem IV-Verlauf der OLED mit α-NPD als Matrixmaterial kann eine Einsetzspannung von 2 V ermittelt werden. Diese ist im Vergleich zu dem Bauteil mit Spiro-2CPB als Matrixmaterial um 0,3 V geringer. Bei einer Betriebsspannung von 3 V und einer Leuchtdichte von 300 cd/m^2 zeigt die Struktur mit α-NPD als Matrixmaterial eine um eine Größenordnung höhere Stromdichte von 5 mA/cm^2, als die Struktur mit Spiro-2CBP (0,3 mA/cm^2) und lässt somit auf eine geringere Effizienz der OLED mit α-NPD als Matrixmaterial schließen. Die in Abbildung 4.7 b) dargestellten Wirkungsgrade beider Bauteilstrukturen bestätigen eine nahezu konstante Differenz von ebenfalls einer Dekade über einen Leuchtdichtebereich von 1000 cd/m^2 bis 5000 cd/m^2. Aus den Gegenüberstellungen in Abbildung 4.7 ergeben sich für

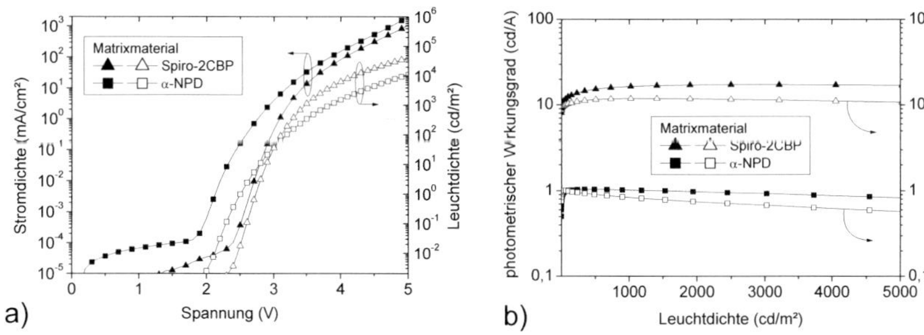

Abbildung 4.7: Vergleich der LIV-Charakteristika (a) und der Wirkungsgrade (b) einer gelb emittierenden OLED auf Basis des $bzq_2Ir(acac)$ mit α-NPD und Spiro-2CBP als Matrixmaterial.

die geringe Effizienz der OLED mit α-NPD als Matrixmaterial zwei mögliche Ursachen.
Die Energieübertragungsmechanismen, die für den intermolekularen Exzitonentransport in Frage kommen, sind der Förster- und der Dexter-Transfer. Diese beschreiben die Migration von Singulett- (Förster) bzw. Singulett- und Triplett- (Dexter) Exzitonen zwischen den Molekülen (vgl. Kapitel 2.1.4). Ein Maß für die Wahrscheinlichkeit beider Vorgänge ist der Grad des Überlapps von Emissionsspektrum des Donators und Absorptionsspektrum des Akzeptors. Um die Exzitonentransporteffizienz für den Übergang von α-NPD auf $bzq_2Ir(acac)$ abzuschätzen, wurde deshalb das Absorptionsspektrum von $bzq_2Ir(acac)$ [104] mit dem Photolumineszenz (PL)-Spektrum von α-NPD [117] und dem des Spiro-2CBP [118] verglichen. Das PL-Spektrum von α-NPD ist gegenüber dem des Spiro-2CBP in Richtung größerer Wellenlängen verschoben. Durch diese Verschiebung ist die überlappende Fläche der Emissionsspektren der Matrixmaterialien und des Absorptionspektrums des $bzq_2Ir(acac)$ bei α-NPD kleiner als bei Spiro-2CBP, was zunächst auf einen ineffizienteren Energieübertrag von Matrix- auf Emittermolekül hindeutet.
Des Weiteren können unzureichend angepasste HOMO/LUMO-Niveaus von Emitter- zu Matrixmaterial dazu führen, dass sich die Wahrscheinlichkeit eines Energietransfers von Matrix- und Emittermolekül verringert, was ebenfalls zu einer geringen Effizienz des Bauteils führt. Das Energieniveau-Schema für beide Matrix-Varianten in Abbildung 4.8 veranschaulicht die relative Lage der LUMOs und HOMOs zueinander. Während das HOMO des Spiro-2CBP um 0,6 eV tiefer liegt, als das des $bzq_2Ir(acac)$, sind die HOMO-Niveaus des α-NPD und des $bzq_2Ir(acac)$ identisch. Da das Transportniveaus des $bzq_2Ir(acac)$ in beiden Fällen innerhalb der Transportniveaus des α-NPD bzw. des Spiro-2CBP liegen, ist aus energetischer Sicht ein Exzitonentransfer von Matrix zu Emittermolekül möglich.

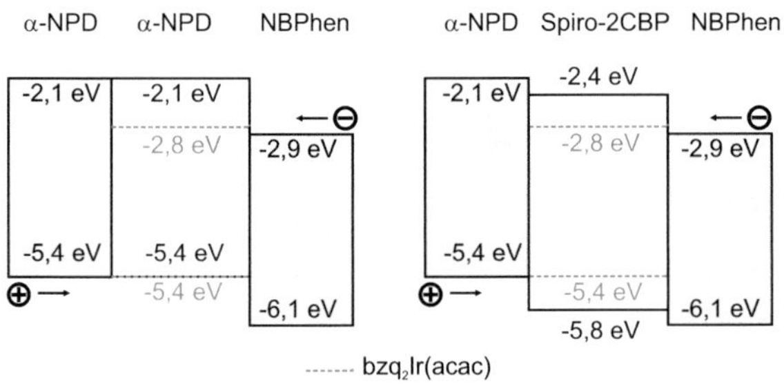

Abbildung 4.8: Energieniveaus des LUMO und des HOMO der Emitter-Systeme α-NPD: $bzq_2Ir(acac)$ (a) und Spiro-2CBP:$bzq_2Ir(acac)$ (b) mit den angrenzenden EBL und HBL.

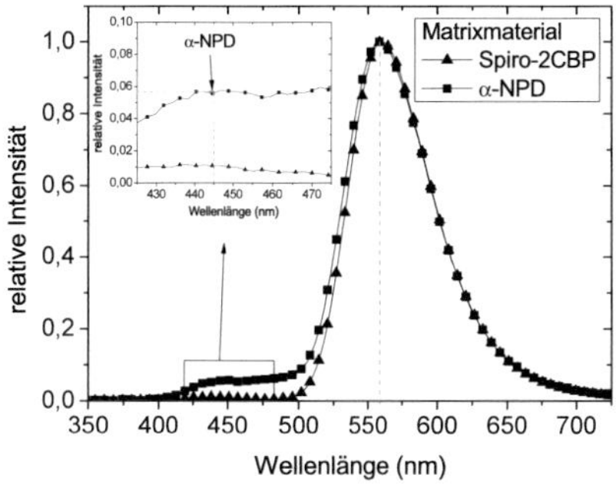

Abbildung 4.9: Emissionsspektren einer gelb emittierenden OLED auf Basis des $bzq_2Ir(acac)$ mit α-NPD und Spiro-2CBP als Matrixmaterial.

An dieser Stelle sei jedoch erwähnt, dass die in der Literatur angegebenen Werte der LUMO- und HOMO-Niveaus verschiedener organischer Materialien teilweise stark voneinander abweichen. Ursache dafür sind eine Vielzahl von Einflussfaktoren, wie beispielsweise der Reinheitsgrad des Films oder die jeweils gewählte Messmethode, die bei der Erfassung der LUMO- und HOMO-Niveaus zu berücksichtigen sind. Für α-NPD, das in OLEDs bereits seit 1986 angewendet wird, wurden bereits vielfach die Energieniveaus bestimmt [114, 119–121]. Für Spiro-2CBP wie auch $bzq_2Ir(acac)$ hingegen sind in der Literatur nur wenige Vergleichswerte vorhanden. Aus dem signifikanten Unterschied der Stromdichten sowie der Wirkungsgrade der OLEDs, dargestellt in Abbildung 4.7, ist zu folgern, dass ein großer Teil an Ladungsträgern das Bauteil mit α-NPD als Matrixmaterial passiert, ohne ein Exziton auf dem Emittermolekül zu bilden. Dieses wäre der Fall, wenn das HOMO des $bzq_2Ir(acac)$ im dargestellten Aufbau unterhalb des HOMOs des α-NPD liegen würde (vgl. Abbildung 4.8 a)). Aufgrund der lochleitenden Eigenschaften des α-NPD passieren positive Ladungsträger die EL auf dem HOMO des Matrixmaterials. An den Grenzflächen zur HBL kommt es zu einer starken Akkumulation positiver Ladungsträger, die vereinzelt die Bildung von Exzitonen bzw. Exziplexen herbeiführen. Als Exziplex werden unter anderem Ladungsträgerpaare bezeichet, die sich nicht auf einem Material, sondern auf den Transportniveaus zweier aneinandergrenzender Materialien bilden. Die Emissionswellenlänge eines strahlend zerfallenden Exziplexes entspricht der Differenz der Transportniveaus der aneinandergrenzenden Materialien. Die bei der Exziplexbildung beteiligten Ladungsträger stehen nicht mehr für eine Exzitonenbildung auf dem Emittermolekül zur Verfügung. Die Exziplexbildung ist daher als Verlustmechanismus anzusehen [46]. Dieser Effekt ist ebenfalls anhand des Vergleichs der Emissionsspektren in Abbildung 4.9 der OLEDs nachzuvollziehen. Die Peak-Wellenlänge des Emissionsspektrums beider OLEDs beträgt 560 nm und entspricht somit der des PL-Spektrums des $bzq_2Ir(acac)$. Das Bauteil mit α-NPD als Matrixmaterial weist jedoch ein breites Nebenmaximum in einem Bereich von 425 nm bis 500 nm auf. In der Vergrößerung dieses Wellenlängebereichs ist die Emissionswellenlänge des Matrixmaterials markiert. Aufgrund der Breite des Maximums ist jedoch nicht eindeutig zu bestimmen, ob die Ursache dieses parasitären Nebenleuchtens auf einer Exziplexbildung an der HTL/EL-Grenzfläche oder auf dem strahlenden Zerfall der auf dem HOMO/LUMO des α-NPD gebildeten Exzitonen beruht. Bei der Verwendung von Spiro-2CBP als Matrixmaterial ist das beschriebene Nebenleuchten vernachlässigbar.

Ein nächster Optimierungsschritt ist die Untersuchung des Einflusses der Dotierkonzentration des $bzq_2Ir(acac)$ in dem Matrixmaterial Spiro-2CBP auf die Effizienz des Bauelements. Dazu wurde der in Abbildung 4.6 dargestellte Schichtstapel verwendet. In Abbildung 4.10 a) sind die LIV-Charakteristika verschiedener OLEDs mit Dotierkonzentrationen des $bzq_2Ir(acac)$ von 6 Gew.-% bis 16 Gew.-% dargestellt. Mit zunehmender Dotierkonzentration ist demnach auch ein Anstieg der Stromdichte zu beobachten. Des Weiteren führt eine Erhöhung der Dotierkonzentration, wie in Abbildung 4.10 b) gezeigt, zu einer Verringerung des photometrischen Wirkungsgrades sowie des Luminanzwirkungsgrades bei einer Leuchtdichte von 1000 cd/m^2. Nach Reineke et al. kann dieser Effekt auf eine Clusterbildung des Dotanden zurückgeführt werden [122]. Mit zunehmender Dotierkonzentration des $bzq_2Ir(acac)$ agglomerieren mehrere Emitter-Moleküle während des Aufdampfprozesses. Diese Agglomerate haben verstärkt Triplett-Triplett-Annihilation (TTA) zur Folge. Aus der TTA resultiert die effektive Verringerung strahlend rekombinierender Exzitonen auf dem Emittermolekül. Der Wirkungsgrad der OLED wird somit mit zunehmender Dotierkonzentration des Emitters verringert [20]. Die in Abbildung 4.11 a) gezeigten Emissionsspektren der OLEDs mit variierter Dotierkonzentration bestätigen diesen Effekt. Das zweite Emis-

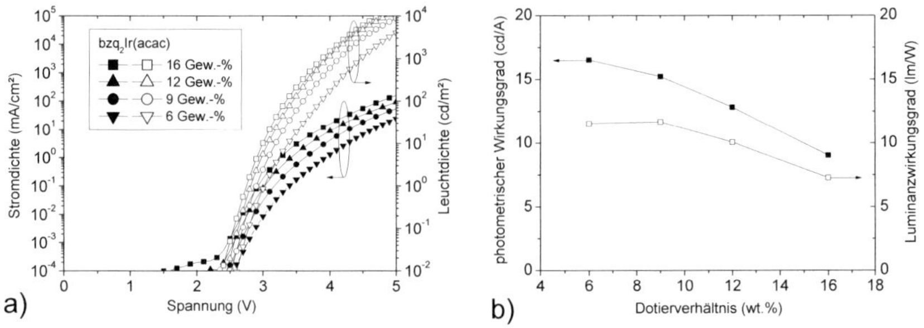

Abbildung 4.10: LIV-Charakteristika (a) und Darstellung der Wirkungsgrade bei einer Leuchtdichte von 1000 cd/m^2 (b) einer gelb emittierenden invertierten OLED mit variiertem Dotierverhältnis von Matrixmaterial (Spiro-2CBP) und Emittermaterial ($bzq_2Ir(acac)$).

sionsmaximum bei einer Wellenlänge von 440 nm ist eindeutig dem Emissionsmaximum des PL-Spektrums des Spiro-2CBP zuzuordnen und basiert somit auf der Rekombination von Exzitonen auf dem Matrixmaterial. Dementsprechend sollte eine Verringerung der Intensität dieses parasitären Nebenleuchtens zu einem effizienteren Energietransfer zwischen Matrix und Emitter und somit zu einer Steigerung der Wirkungsgrade der OLED führen. Obgleich jedoch die Intensität des Nebenleuchtens mit zunehmender Dotierkonzentration des $bzq_2Ir(acac)$ abnimmt, verringern sich auch der photometrische Wirkungsgrad sowie der Luminanzwirkungsgrad. Die Verringerung der Wirkungsgrade der OLED mit zunehmender Dotierkonzentration des $bzq_2Ir(acac)$ kann folglich auf TTA zurückgeführt werden. Die, auf dem Mitleuchten des Spiro-2CBP basierende, Verschiebung des Emissionsspektrums des gelben Bauteils ist in Abbildung 4.11 b) dargestellt. Demnach ist mit zunehmender Dotierkonzentration des $bzq_2Ir(acac)$ eine Verschiebung der Peak-Wellenlänge um etwa 7 nm zu größeren Wellenlängen zu beobachten. Diese Verschiebung resultiert aus der Verringerung des parasitären Nebenleuchtens des Spiro-2CBP. Basierend auf den Erkenntnissen des vorangegangenen Abschnitts wird eine Dotierkonzentration des $bzq_2Ir(acac)$ in Spiro-2CBP von 9 Gew.-% gewählt. Bei einer Leuchtdichte von 1000 cd/A wird mit dieser Konzentration ein photometrischer Wirkungsgrad von 16 cd/A und ein maximaler Luminanzwirkungsgrad von 12 lm/W erzielt. Die Peak-Wellenlänge des Emissionsspektrums beträgt 560 nm. Das gelbe Emittersystem Spiro-2CBP:$bzq_2Ir(acac)$ erfüllt somit die wesentlichen Anforderungen für die Realisierung einer orange emittierenden Sub-OLED.

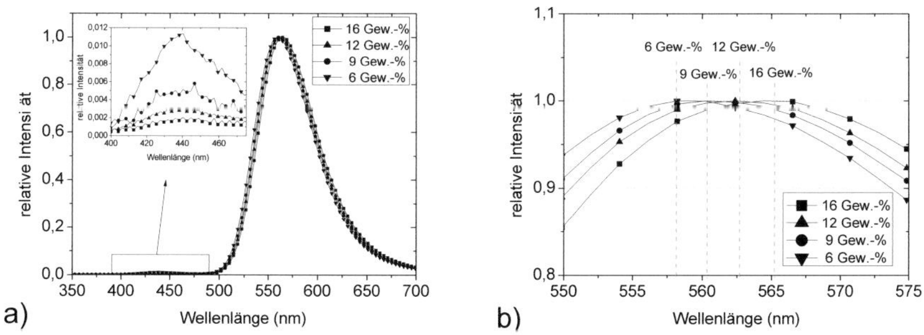

Abbildung 4.11: Vergleich der Emissionsspektren einer gelb emittierenden $bzq_2Ir(acac)$-OLED mit variierten Dotierverhältnissen von Matrix- und Emittermaterial.

4.2.3 Fluoreszente blau emittierende OLEDs

Als letzte Einzelkomponente zur Realisierung einer gestapelten farbabstimmbaren Weißlicht-OLED wird im folgenden Abschnitt die blau emittierende Sub-OLED vorgestellt. Phosphoreszente blaue Emittermaterialien stellen aufgrund ihrer großen optischen Bandlücke und ihres dementsprechend hohen Triplett-Niveaus hohe Anforderung an die verwendeten Matrixmaterialien und Blockerschichten. Diese müssen für einen effizienten Exzitonentransfer bzw. eine effiziente Blockerfunktion für Ladungsträger eine noch größere Bandlücke als der blaue Emitter aufweisen. Für OLED-Strukturen auf der Basis blauer phosphoreszenter Emittermaterialien konnten in der Literatur bislang nur geringe Lebensdauern von $<$500 h gezeigt werden [80, 81, 123]. Da zur Zeit kein phosphoreszentes blaues Emittermaterial bekannt ist, mit dem die geforderte Langzeitstabilität der blau emittierenden Sub-OLEDs zu erreichen ist, muss deshalb auf fluoreszente Emittermaterialien zurückgegriffen werden. Diesbezüglich wurden mit Styrylaminen bereits effiziente und langlebige blaue OLEDs mit Lebensdauern über 10000 h vorgestellt [124–126]. Als Matrixmaterialien wurden ausschließlich Anthracen-Derivate, wie beispielsweise MADN, verwendet. Im folgenden Abschnitt wird daher die Realisierung der blauen Sub-OLED auf Basis des Emittersystems MADN:DPAvBi diskutiert [127].

Basierend auf den Erfahrungen bezüglich der Stabilität mit den bereits in Kapitel 4.2.1 und Kapitel 4.2.2 etablierten HTL/HIL-, ETL/EIL-Materialien werden diese auch für die Umsetzung der blau emittierenden Sub-OLED verwendet. Der Schichtstapel der untersuchten OLED-Struktur ist in Abbildung 4.12 dargestellt. Entsprechend der in Kapitel 4.1 definierten Positionierung der Sub-OLEDs innerhalb der gestapelten Weißlicht-OLED, wird der blau emittierende Schichtstapel auf der Mitten-Elektrode als Sub-OLED II deponiert und ist somit konventionell ausgeführt. Die Optimierung des blauen Emittersystems erfolgt durch Variation der Dotierkonzentration des Emittermaterials DPAvBi in einem Bereich von 5 Gew.-% bis 17 Gew.-%. Die LIV-Charakteristika der untersuchten OLEDs ist in Abbildung 4.13 dargestellt. Aus dem LV-Verlauf ist unabhängig von der Dotierkonzentration eine Einsetzspannung von 2,25 V zu entnehmen. Die Wirkungsgrade zeigen eine klare Tendenz.

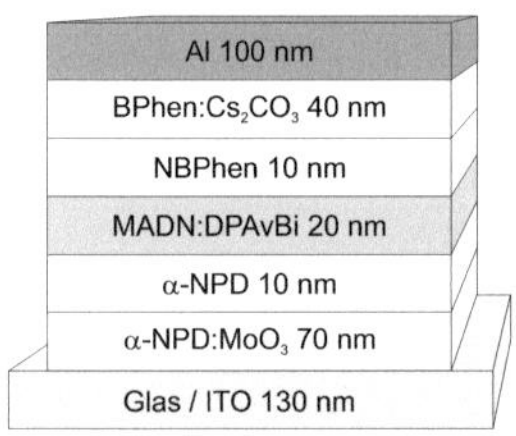

Abbildung 4.12: Schichtreihenfolge und Schichtdicken einer blau emittierenden OLED mit konventioneller Bauelementstruktur auf Basis des Emittermaterials DPAvBi.

Mit zunehmender Dotierkonzentration des DPAvBi wird der photometrische Wirkungsgrad sowie der Luminanzwirkungsgrad verringert. Dieser Effekt ist auf die bereits in Kapitel 4.2.2 diskutierte Exzitonenauslöschung, bedingt durch Agglomeration der Emittermoleküle, zurückzuführen [128, 129]. Der maximale photometrische Wirkungsgrad von 7 cd/A, bei einer Leuchtdichte von 1000 cd/m^2, wird mit einer Dotierkonzentration des DPAvBi von 5 Gew.-% erreicht und nähert sich somit den aus der Literatur bekannten Werten an [128].

Wie aus Abbildung 4.14 zu entnehmen ist, zeigt auch das MADN:DPAvBi analog zum Emitter-System Spiro-2CBP:bzq$_2$Ir(acac) eine Änderung des Emissionsspektrums in Abhängigkeit von der Dotierkonzentration des Dotanden. Neben der Peak-Wellenlänge bei 475 nm weist das Emissionsspektrum des DPAvBi eine Schulter bei einer Wellenlänge von etwa 500 nm auf. Die Vergrößerung des spektralen Verlaufs in Abbildung 4.14 zeigt deutlich, dass mit zunehmender Dotierkonzentration die Intensität des Nebenmaximums im Vergleich zum Hauptmaximum ansteigt. Daraus resultiert eine Verschiebung des Spektrums zu größeren Wellenlängen des Emissionsspektrums. Lee et al. führen diesen Effekt auf die Agglomeration des DPAvBi zurück [128]. Die Agglomeration der Emittermoleküle in dem Matrixmaterial hat demnach eine Verringerung der Bandlücke der Emittermoleküle und somit eine Verschiebung des Emissionsspektrums zu größeren Wellenlängen zur Folge. Dieser, von gelösten Farbstoffen bekannte Effekt wird als Solid-State-Solvation-Effekt bezeichnet. Bei organischen Emittersystemen wird dieser Zusammenhang ebenfalls für die Beschreibung der Verschiebung des Emissionsspektrums des Emittermaterials in Abhängigkeit der Dotierkonzentration verwendet [130].

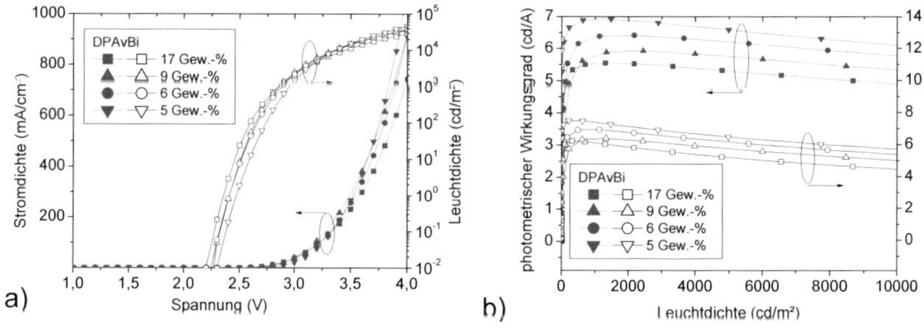

Abbildung 4.13: LIV-Charakteristik (a) und Darstellung der Wirkungsgrade (b) einer blau emittierenden OLED mit variierter Dotierkonzentration des Farbstoffs DPAvBi in MADN.

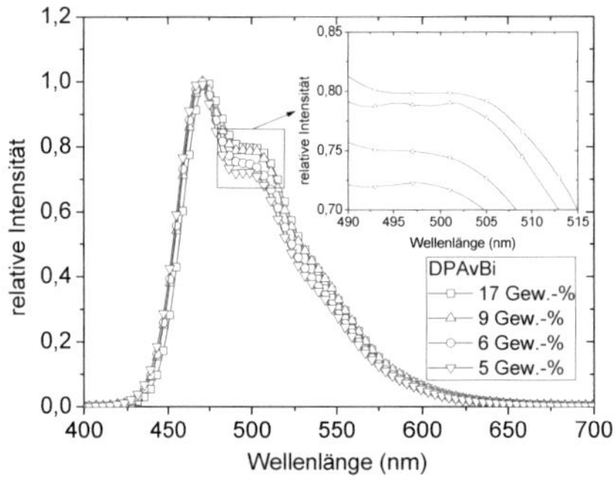

Abbildung 4.14: Darstellung der Emissionsspektren einer blau emittierenden OLED mit variierter Dotierkonzentration des Emittermaterials DPAvBi in Abhängigkeit der Wellenlänge.

4.3 Kombinierte Emittersysteme für orange emittierende OLEDs

Wie bereits zu Beginn dieses Kapitels beschrieben, wird die Überlagerung der Emissionsspektren einzelner Emittermaterialien und die daraus resultierende Fragestellung nach einer effizienten Anordnung der einzelnen Emittersysteme in einer OLED-Struktur in der Literatur vorwiegend im Hinblick auf die Weißlicht-Erzeugung diskutiert [4, 95]. Zur Umsetzung der in Kapitel 4.1 geforderten orange emittierenden Sub-OLED auf Basis der Emittermaterialien $Ir(MDQ)_2(acac)$ und $bzq_2Ir(acac)$ kann auf die beschriebenen Konzepte zur Realisierung weiß emittierender OLEDs zurückgegriffen werden. Im folgenden Abschnitt wird die Kombination der Emittersysteme α-NPD:$Ir(MDQ)_2(acac)$ und Spiro-2CBP:$bzq_2Ir(acac)$ in einer OLED-Struktur durch direkt aufeinanderfolgende Emissionsfilme bzw. Tandem-Strukturen diskutiert.

4.3.1 Direkt aufeinanderfolgende Emissionsfilme

Der Ansatz der direkt aufeinanderfolgenden Emissionsfilme beruht auf der direkten Abfolge zweier Emitter-Systeme. Die Herausforderung dabei ist, die strahlende Rekombination von Exzitonen auf beiden Emitter-Systemen in einem bestimmten Verhältnis herbeizuführen, um somit die gewünschte Mischfarbe zu erzielen. Abhängig von der Positionierung und den Transportniveaus der Emittersysteme kann das Exziton direkt auf einem Emittersystem gebildet werden und dort strahlend zerfallen oder durch Diffusion in einen benachbarten Emissionsfilm mit einer kleineren Bandlücke gelangen, um letztlich dort strahlend mit einer größeren Emissionswellenlänge zu zerfallen. Eine gezielte Steuerung dieser Exzitonendiffusion wird auch als Exzitonenmanagement bezeichnet. Sun et al. nutzen die Diffusion der auf dem blauen Emittermaterial gebildeten Exzitonen in angrenzende rote und grüne

Emitter-Systeme zur Optimierung der internen Quanteneffizienz einer weiß emittierenden OLED-Struktur [89]. Für die Realisierung der orange emittierenden Sub-OLED soll primär die Bildung und der Zerfall der Exzitonen auf einem Emittersystem angestrebt werden. Dazu müssen in beiden Emitter-Systemen Elektronen und Löcher in ausreichender Zahl vorhanden sein. Im vorliegenden Fall weist α-NPD als Matrixmaterial des Ir(MDQ)$_2$(acac) löchertransportierende Eigenschaften auf, während CBP als Matrixmaterial des bzq$_2$Ir(acac) einen ambipolaren Charakter zeigt und demnach sowohl Elektronen als auch Löcher transportiert. Folglich ist es naheliegend, das rot emittierende System anodenseitig und das gelb emittierende System kathodenseitig zu positionieren. In diesem Fall ist davon auszugehen, dass sich die primären Rekombinationszonen zentral an den Grenzfläche zwischen beiden Emittersystemen ausbilden. Eine nachträgliche Diffusion der auf dem gelben Emittermaterial gebildeten Exzitonen in das rote Emittersystem ist jedoch nicht auszuschließen.

Abbildung 4.15 a) zeigt die Energieniveaus der Emittersysteme sowie der angrenzenden HBL und EBL. Aufgrund der Energieniveaus des LUMOs bzw. HOMOs der Matrixmaterialien ist eine Ladungsträgerakkumulation an den Grenzschichten zwischen den beiden Emissionsfilmen zu erwarten. In Abbildung 4.15 b) ist der Schichtstapel einer OLED mit direkt aufeinanderfolgenden Emissionsfilmen in der beschriebenen Konfiguration dargestellt. Entsprechend der in Kapitel 4.1 definierten Anforderungen ist das Bauelement invertiert ausgeführt. In einem ersten Schritt wurde der Einfluss der Schichtdicke des bzq$_2$Ir(acac)-Systems (X) bzw. des Ir(MDQ)$_2$(acac)-Systems (Y) auf die Exzitonenrekombination untersucht. Dafür wurde die Schichtdicke der Emissionsfilme von 20 nm bis 50 nm in 10 nm Schritten variiert. Die Summe der Schichtdicken beider Emissionsschichten wurde mit 70 nm konstant

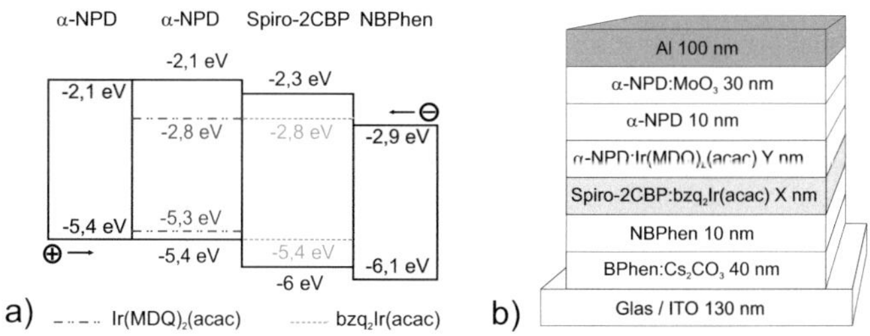

Abbildung 4.15: (a) Energieniveau-Schema der Emissionsschichten mit den angrenzenden HBL- und EBL. (b) Schichtreihenfolge und Schichtdicken einer orange emittierenden OLED mit invertierter Bauelementstruktur auf Basis der Emittermaterialien bzq$_2$Ir(acac) und Ir(MDQ)$_2$(acac) mit direkt aufeinanderfolgenden Emissionsfilmen.

gehalten. Die Dotierkonzentration beider Emittermaterialien betrug entsprechend der Optimierung der einzelnen Bauteile 9 Gew.-%. Die LIV-Verläufe der verschiedenen Bauelemente sind in Abbildung 4.16 a) dargestellt. Der flachere Verlauf der Stromdichte der OLED mit $X/Y = 50/20$, im Vergleich zu dem Bauteil mit $X/Y = 20/50$ lässt auf eine tendenziell geringere Beweglichkeit für Löcher im Spiro-2CBP im Vergleich zu α-NPD schließen. Die Einsetzspannung beträgt für alle Variationen etwa 2,3 V. Die aus den LIV-Charakteristika resultierenden Wirkungsgrade, dargestellt in Abbildung 4.16 a), zeigen ein Maximum bei $X/Y = 40/30$ von 13 cd/A und 14 lm/W bei einer Leuchtdichte von 1000 cd/m^2. Für die Verringerung der Wirkungsgrade bei allen anderen Schichtdickenkombinationen sind zwei mögliche Ursachen zu nennen.

Zum einen wird durch die Variation der Schichtdicken der Emissionsfilme auch die relative Lage der Emissionszonen innerhalb der Mikrokavität der OLED verändert. Die Schichtdickenkombination $X/Y = 40/30$ würde demnach ein optisches Optimum darstellen. Zum anderen verändert sich das Ladungsträgerverhältnis innerhalb des Bauteils aufgrund der unterschiedlichen Eigenschaften der Matrixmaterialien [131]. Dementsprechend würde die Schichtdickenkombination $X/Y = 40/30$ eine ausgewogene Ladungsträgerbalance innerhalb des Bauteils bedeuten. Eine konkrete Benennung des vorherrschenden Effekts ist aus den bisherigen Untersuchungen jedoch nicht abzuleiten.

Aufschluss darüber liefert der Vergleich der experimentell ermittelten und simulierten Effizienz und der Peak-Wellenlänge der unterschiedlichen Bauelemente, dargestellt in Abbildung 4.17 a). Der optisch simulierte und normierte photometrische Wirkungsgrad zeigt im

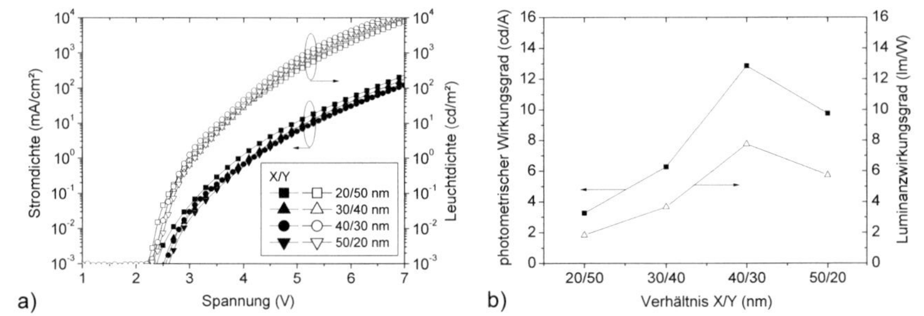

Abbildung 4.16: LIV-Charakteristika (a) und Darstellung der Wirkungsgrade bei einer Leuchtdichte von 1000 cd/m^2 (b) einer orange emittierenden OLED mit direkt aufeinanderfolgenden Emissionsfilmen. Vergleich unterschiedlicher Schichtdickenverhältnisse des gelben und des roten Emittersystems.

Vergleich zu den experimentell ermittelten Daten die gleiche Tendenz und bestätigt ein optisches Optimum bei $X/Y = 40/30$. Die Werte jenseits dieser Schichtkombination sind im Falle der experimentellen Daten signifikant geringer. Da die simulierten Daten die optischen Eigenschaften der OLEDs, nicht aber die elektrischen und elektronischen Zusammenhänge in der Struktur berücksichtigen, ist die Differenz zu den experimentell ermittelten photometrischen Wirkungsgraden auf elektronische Verlustmechanismen zurückzuführen. Diese können strahlend durch Exziplexbildung oder nichtstrahlend beispielsweise durch Exzitonen-Exzitonenlöschung (TTA) oder Exzitonen-Polaronenlöschung erfolgen. Die genannten Mechanismen werden in [79, 81] detailliert beschrieben. Die Verteilung der internen Quanteneffizienz der Emitter-Systeme ist aus dem Vergleich der simulierten und der experimentell ermittelten Peak-Wellenlänge, dargestellt in Abbildung 4.17 a), abzuleiten. Dazu ist anzumerken, dass bei der optischen Simulation für alle Schichtkombinationen die gleichen internen Quantenwirkungsgrade für α-NPD:Ir(MDQ)$_2$(acac) und Spiro-2CBP:bzq$_2$Ir(acac) angenommen wurden. Für die Schichtkombination $X/Y = 50/20$ ist beispielsweise von der optischen Simulation, unter Annahme einer identischen internen Quanteneffizienz beider Emitter-Systeme, ein hoher Gelbanteil im Emissionsspektrum des Bauelements und somit eine Peak-Wellenlänge von 576 nm zu erwarten. Die experimentellen Daten zeigen jedoch eine Peak-Wellenlänge von 587 nm und somit einen geringen Gelbanteil, was auf eine Verringerung der internen Quanteneffizienz des gelben Emitter-Systems schließen lässt. Diese

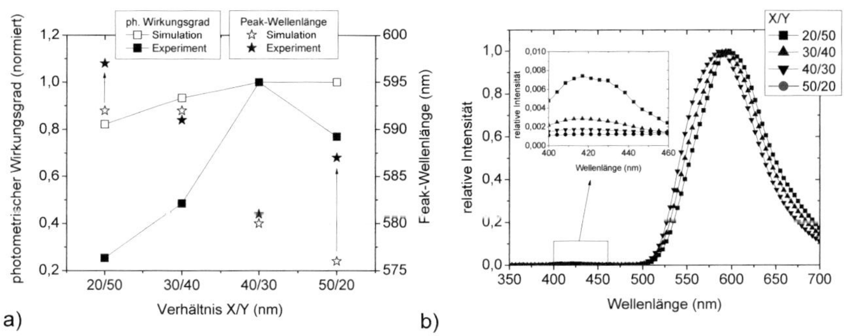

Abbildung 4.17: a) Vergleich des simulierten und des experimentell ermittelten photometrischen Wirkungsgrads sowie der Peak-Wellenlänge des Emissionsspektrums als Funktion von X/Y. b) Emissionsspektren einer orange emittierenden OLED mit direkt aufeinanderfolgenden Emissionsfilmen und der resultierenden spektralen Verschiebung aufgrund der Variation X/Y.

Verringerung kann auf die oben beschriebenen Verlustmechanismen oder eine verstärkte Diffusion der Exzitonen von dem gelben Emittersystem in das rote Emittersystem zurückgeführt werden.

Informationen über mögliche strahlende Verlustmechanismen sind aus den spektralen Verläufen der Emissionen der Bauelemente, dargestellt in Abbildung 4.17 b), zu entnehmen. In der Vergrößerung des Wellenlängenbereichs von 400 nm bis 450 nm ist ein zweites breites Emissionsmaximum bei einer Peak-Wellenlänge von 416 nm mit einer Schulter bei etwa 430 nm zu beobachten. Da die Emissionswellenlänge des Spiro-2CBP etwa 416 nm beträgt, resultiert das Nebenleuchten vermutlich zum Teil aus einem ineffizienten Förster-Transfer innerhalb des Spiro-2CBP:$bzq_2Ir(acac)$. Die Emissionswellenlänge des α-NPD von 440 nm lässt hingegen einen ineffizienten Energietransfer innerhalb des α-NPD:$Ir(MDQ)_2(acac)$ nicht vermuten. Die Schulter bei 430 nm kann somit einem Exziplex zugeordnet werden. Die Intensität des Nebenleuchtens ist maximal bei der OLED mit $X/Y = 20/50$ und minimal bei $X/Y = 40/30$. Insgesamt gesehen weisen die beschriebenen strahlenden Verlustmechanismen eine vergleichsweise geringe Intensität auf. Die signifikante Differenz der experimentell ermittelten photometrischen Wirkungsgraden und der simulierten photometrischen Wirkungsgraden deutet folglich auf nichtstrahlende Verlustmechanismen hin. Des Weiteren zeigen die Emissionsspektren eine Verschiebung der Peak-Wellenlänge zu größeren Wellenlängen für alle Schichtkombinationen abweichend von $X/Y = 40/30$. Folglich ist abweichend von der Schichtkombination $X/Y = 40/30$ von einem bevorzugten Zerfall der Exzitonen innerhalb des α-NPD:$Ir(MDQ)_2(acac)$ auszugehen.

Neben der Effizienz ist jedoch ebenso der Farbort der orange emittierenden Komponente für die Realisierung einer farbabstimmbaren Weißlicht-OLED von elementarer Bedeutung. In Abbildung 4.18 sind die Farborte der orange emittierenden OLED in Abhängigkeit des variierten Schichtdickenverhältnisses des $bzq_2Ir(acac)$- (X) und des $Ir(MDQ)_2(acac)$-Systems (Y) in CIE-Koordinaten dargestellt. Zur Beurteilung der Farbmischung im Bauelement mit direkt aufeinanderfolgenden Emissionsfilmen sind zusätzlich die Farborte der rot, gelb und blau emittierenden einzelnen OLEDs eingetragen. Die Farborte wurden aus den Emissionsspektren der in Kapitel 4.2 vorgestellten Bauelemente ermittelt. Der durch die Variation des Intensitätsverhältnisses der orange und der blau emittierenden Sub-OLED zu erwartende Farbverlauf ist schematisch anhand von Verbindungslinien angedeutet. Das angestrebte Ziel einer tangentialen Annäherung an die Planck-Kurve in einem Farbtemperaturbereich von 4000 K bis 5000 K (vgl. Kapitel 4.1) wird demnach von der orange emittierenden OLED mit dem Schichtdickenverhältnis $X/Y = 30/40$ erreicht. Diese OLED zeigt jedoch um 50 % geringere Wirkungsgrade gegenüber der OLED mit $X/Y = 40/30$. Um die effizienzoptimierte Schichtkombination für eine gestapelte farbabstimmbare Struktur nutzen zu können, ist

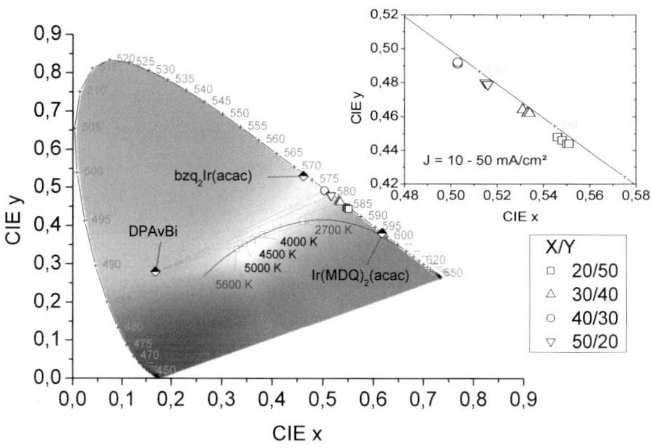

Abbildung 4.18: Farborte einer orange emittierenden OLED mit variiertem Schichtdickenverhältnis des bzq$_2$Ir(acac)- (X) und des Ir(MDQ)$_2$(acac)- Systems (Y) sowie der rot, gelb und blau emittierenden einzelnen OLEDs im CIE-Koordinatensystem. Vergrößert dargestellt ist die Verschiebung des Farborts resultierend aus der Änderung der Stromdichte für jede Schichtdickenvariation.

folglich eine optische Anpassung notwendig. Diese erfolgt in der gestapelten Struktur durch die Variation der dotierten Zuleitungsschichten (ETL, HTL) und somit der Optimierung der Mikrokavität der Struktur bezüglich des Farborts und der Effizienz (vgl. Kapitel 6). Aufgrund der hohen Dotierung der Transportschichten hat eine Änderung ihrer Schichtdicke keinen signifikanten Einfluss auf die elektrischen Eigenschaften der OLED. Da die Ladungsträgerbalance im Wesentlichen durch die Schichtdicken der Emitter-Systeme bestimmt wird, bleibt das Ladungsträgergleichgewicht innerhalb des Schichtstapels bei Variation der Transportschichten erhalten. Aus der Vergrößerung der CIE-Koordinaten in Abbildung 4.18 ist zu entnehmen, dass sich bei einer Variation der Stromdichte in einem Bereich von 10 mA bis 50 mA die Farborte der OLEDs für alle Schichtdicken nur geringfügig um $x = \pm 0{,}005$ und $y = \pm 0{,}005$ ändern. Der Farbeindruck bleibt folglich bei einer Variation der Leuchtdichte von etwa 500 cd/m^2 bis 3000 cd/m^2 stabil.

4.3.2 Tandem-Strukturen

Als Tandem-OLEDs werden zwei seriell gestapelte OLED-Strukturen bezeichnet. Da dieses Konzept vergleichbar zu den direkt aufeinanderfolgenden Emissionsfilmen (vgl. Kapitel 4.3.1) eine Überlagerung zweier oder mehrerer Emissionsspektren ermöglicht, wird es ebenfalls zur Weißlicht-Erzeugung angewendet [49–51]. Neben der Farbmischung kann mit gestapelten Strukturen eine Addition der photometrischen Wirkungsgrade der Einzel-OLEDs erreicht werden. Pro injiziertem Ladungsträgerpaar wird in jeder Einzel-OLED ein Photon generiert. Liao et al. konnten mit einer dreifach gestapelten monochromen grün emittierenden Struktur einen linearen Anstieg des photometrischen Wirkungsgrad durch das Stapeln dreier Einzel-OLEDs von bis zu 136 cd/A erreichen [132]. Die höhere Lichtausbeute bei gleicher Stromdichte im Vergleich zu einer einfachen OLED wirkt sich gleichzeitig positiv auf die Lebensdauer des Bauelements aus. Tandem-Strukturen sind in der Regel konventionell aufgebaut, d.h. sie verfügen über eine substratseitige Anode. Die Verbindung der n-leitenden Schicht der ersten OLED mit der p-leitenden Schicht der darauffolgenden erfolgt mit Hilfe von ladungsträgergenerierenden Schichten (engl. charge generation layer, CGL). Das grundsätzlich Funktionsprinzip einer CGL basierend auf reinen TMO-Schichten und dotierten ETL-Schichten wird in Kapitel 2.2.4 näher erläutert. Im folgenden Abschnitt werden CGLs durch direkt aneinandergrenzende TMO-dotierten HTL-Schichten und dotierten ETL-Schichten realisiert. Das in Kapitel 2.2.4 beschriebene Funktionsprinzip hat bei den hier verwendeten CGLs Gültigkeit [133, 134]. Im folgenden Abschnitt wird die Realisierung einer mittels CGL gestapelten orange emittierenden invertierten OLED-Struktur diskutiert.

In Abbildung 4.19 sind die Energieniveaus des kompletten Schichtstapels, ohne Berücksichtigung von Grenzflächeneffekten einer, mittels einer CGL bestehend aus α-NPD:MoO_3 und BPhen:Cs_2CO_3 verbundenen, gestapelten orange emittierenden OLED-Struktur dargestellt. Als Emittersysteme wurden das in Kapitel 4.2 behandelte Spiro-2CBP:$bzq_2Ir(acac)$ und α-NPD:$Ir(MDQ)_2(acac)$ verwendet. Entsprechend eines invertierten Schichtaufbaus erfolgt die Injektion der Elektronen substratseitig aus der ITO-Kathode (C) in die angrenzende EIL/ETL (BPhen:Cs_2CO_3). Aus der Al-Anode (A) werden Löcher in die angrenzende HIL/HTL (α-NPD:MoO_3) injiziert. Die Ladungsträgergeneration erfolgt im Zentrum des Bauelements an der Grenzfläche zwischen α-NPD:MoO_3 und BPhen:Cs_2CO_3 (B). Der komplette Schichtstapel der orange emittierenden OLED mit CGL-Verbindungsarchitektur und Angabe der Schichtdicken ist Abbildung 4.20 a) zu entnehmen. Im vorliegenden Fall ergibt sich eine Gesamtschichtdicke der CGL von 100 nm. Die beschriebenen Schichtdicken basieren auf einer Effizienz- und einer Farbortoptimierung, die im Vorfeld mit Hilfe der optischen Simulation durchgeführt wurde. Die Abhängigkeit des Farborts und der Effizienz der Struktur von dem Abstand beider Emissionsschichten zur Al-Anode soll anhand der Variation der anodenseitigen HTL gezeigt werden. Die IV-Charakteristik in Abbildung 4.20 b) zeigt für $X = 10$ nm und $X = 40$ nm einen identischen Verlauf. Erwartungsgemäß sind die elektrischen Eigenschaften des Bauelements unabhängig von der Schichtdicke der hochdotierten

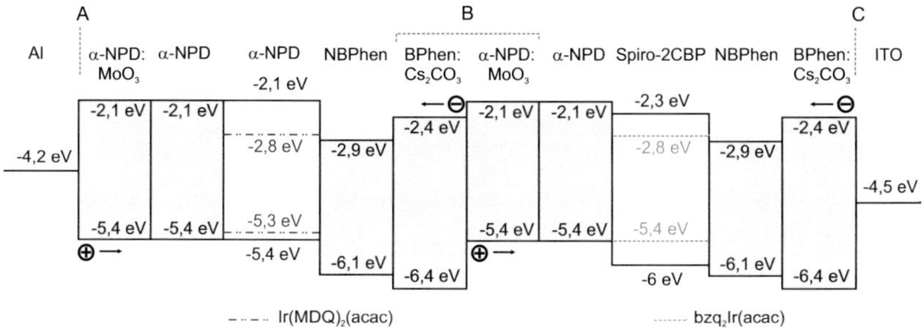

Abbildung 4.19: (a) Energieniveau-Schema des gestapelten orange emittierenden Bauelements ohne Berücksichtigung der Grenzflächeneffekte mit Injektionskontakten für Löcher (A) und Elektronen (C) sowie der CGL-Verbindungsstruktur (B).

HTL. Diese Tatsache ermöglicht eine optische Anpassung der OLED ohne zusätzliche elektrisch bedingte Effizienzmodifikationen. Die Leuchtdichte der OLED mit einer Schichtdicke der HTL $X = 40$ nm ist geringfügig höher im Vergleich zu der Leuchtdichte der OLED mit $X = 10$ nm, was auf eine optisch günstigere Lage beider Emissionszonen im Resonator bei $X = 40$ nm und somit eine Erhöhung der Effizienz mit zunehmendem X schließen lässt. Die Wirkungsgrade der OLEDs, dargestellt in Abbildung 4.21 a), bestätigen diese Tendenz. Mit einer HTL-Schichtdicke von 40 nm wird demnach bei einer Leuchtdichte der OLED von

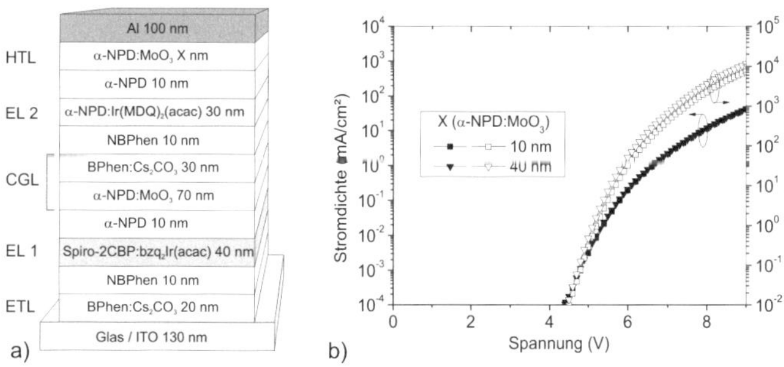

Abbildung 4.20: (a) Schichtstapel einer mittels CGL-Struktur gestapelten orange emittierenden OLED mit invertierter Bauelementstruktur auf Basis der Emittermaterialien $bzq_2Ir(acac)$ und $Ir(MDQ)_2(acac)$. (b) LIV-Charakteristika für variierte HTL-Schichtdicken.

1000 cd/m^2 ein photometrischer Wirkungsgrad von 30 cd/A und ein Luminanzwirkungsgrad von 13 lm/W erreicht. Im Vergleich zu einer OLED mit einer Schichtdicke der HTL von $X = 10$ nm erhöht sich die Effizienz folglich um 50 %. Der Verlauf des normierten experimentell ermittelten sowie optisch simulierten photometrischen Wirkungsgrads bei einer Leuchtdichte von 1000 cd/m^2 als Funktion der Schichtdicke der HTL in einem Bereich von 10 nm bis 100 nm ist in Abbildung 4.21 b) dargestellt. Die Übereinstimmung der experimentell ermittelten und der simulierten Daten bestätigt ein Maximum des photometrischen Wirkungsgrades bei einer Schichtdicke der HTL von $X = 40$ nm. Dieser verringert sich mit zunehmender Schichtdicke und zeigt schließlich ein Minimum bei $X = 100$ nm von etwa 20 % des Maximalwerts. Die Änderung der normierten Emissionsspektren der verschiedenen OLEDs in Folge der Variation der Schichtdicke der HTL in einem Bereich von 10 nm bis 40 nm ist in Abbildung 4.22 dargestellt. Demnach ist das Intensitätsmaximum konstant bei einer Wellenlänge von 591 nm und somit unabhängig von der Schichtdickenvariation der HTL. Lediglich die Intensität des Nebenmaximums bei etwa 550 nm wird durch die zunehmende Schichtdicke verringert. Folglich wird durch die Variation des Abstandes beider Emissionszonen zur opaken Al-Anode im Wesentlichen das Intensitätsverhältnis der Emittersysteme beeinflusst. Bei einem optisch optimierten Schichtstapel ist von der Addition der maximalen photometrischen Wirkungsgrade der einzelnen OLEDs auszugehen. Bei einer zweifach gestapelten monochromen OLED entspricht das einer Verdoppelung des photometrischen Wirkungsgrads [54]. Demnach entspricht im vorliegenden Fall der maximale photometrische Wirkungsgrad ebenfalls der Addition der photometrischen Wirkungsgrade der

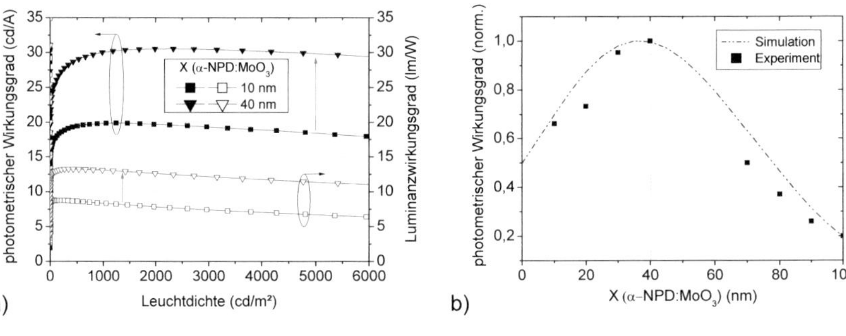

Abbildung 4.21: (a) Einfluss der Schichtdickenvariation der HTL (X) auf die Wirkungsgrade einer gestapelten orange emittierenden OLED. (b) Vergleich der photometrischen Wirkungsgrade (normiert) von Experiment und optischer Simulation bei einem Betrachtungswinkel von 0 ° in Abhängigkeit von der HTL-Schichtdickevariation.

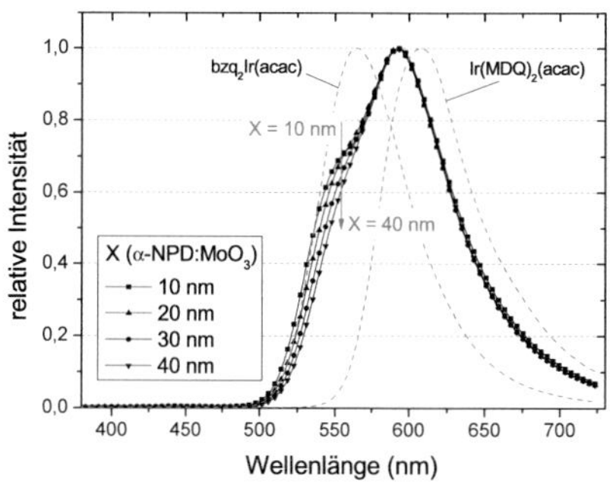

Abbildung 4.22: (a) Einfluss der Schichtdickenvariation der HTL (X) auf das Emissionsspektrum der gestapelten orange emittierenden OLED.

Einzel-OLEDs Spiro-2CBP:bzq$_2$Ir(acac) und α-NPD:Ir(MDQ)$_2$(acac). Die aus den Emissionsspektren resultierenden CIE-Koordinaten der Tandem-Struktur sind in Abbildung 4.23 dargestellt. Zur Beurteilung der Farbmischung in der Tandem-Struktur sind zusätzlich die Farborte der rot, gelb und blau emittierenden einzelnen OLEDs eingetragen. Die Farborte wurden aus den Emissionsspektren der in Kapitel 4.2 vorgestellten Bauelemente ermittelt. Der Farbort der effizienzoptimierten Tandem-OLED befindet sich demnach zentral zwischen den Farborten der roten und der gelben Einzelkomponenten. Folglich ergibt die Verbindungslinie zwischen den Farborten der orange emittierenden OLED mit einer Schichtdicke der HTL

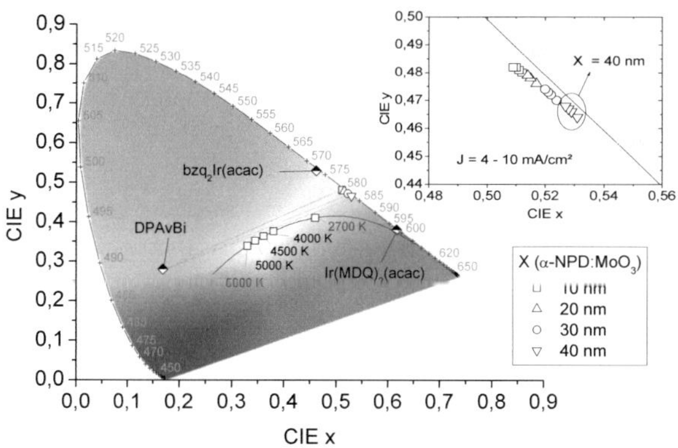

Abbildung 4.23: Farborte der gestapelten orange emittierenden OLED im CIE-Koordinatensystem in Abhängigkeit von der Schichtdickenvariation der HTL. Vergrößert dargestellt ist die stromdichteabhängige Änderung des Farbortes für jede Schichtdickenvariation.

von 40 nm und der blau emittierenden OLED eine sehr gute Approximation der Planck-Kurve im geforderten Bereich. Die mit abnehmender Schichtdicke der HTL zunehmende Intensität des in Abbildung 4.22 gezeigten Nebenmaximums führt zu einer Verschiebung des Farborts in Richtung eines gelben Farbeindrucks. Aus der Vergrößerung in Abbildung 4.23 ist zu entnehmen, dass sich bei einer Variation der Stromdichte in einem Bereich von 4 mA/cm^2 bis 10 mA/cm^2 die Farborte der OLEDs für alle Schichtdicken nur geringfügig um x = ±0,005 und y = ±0,005 ändern. Der Farbeindruck bleibt entsprechend bei einer Variation der Leuchtdichte von etwa 500 cd/m^2 bis 3000 cd/m^2 erhalten.

In Tabelle 4.1 sind zum Vergleich der in den vorangegangenen Abschnitten diskutierten Konzepte zur Realisierung der orange emittierenden Sub-OLED die Leistungsdaten der OLEDs zusammengefasst. Obgleich beide vorgestellten Konzepte, direkt aufeinanderfolgende Emissionsfilme (Konzept I) und Tandem-OLED (Konzept II), eine zufriedenstellende Überlagerung der Emissionsspektren der einzelnen Emittersysteme zeigen und somit den erforderlichen Farbort erzielen, weisen sie große Unterschiede bei der Effizienz auf. Im Vergleich zum Bauelement mit direkt aufeinanderfolgenden Emissionsfilmen erreicht die Tandem-OLED einen etwa um den Faktor zwei höheren photometrischen Wirkungsgrad von 30 cd/A sowie einen Luminanzwirkungsgrad von 13 lm/W. Für die Realisierung der farbabstimmbaren Weißlicht-OLED wird daher das Konzept der Tandem-OLED aufgrund der höheren Effizienz bevorzugt. Die Lebensdauer ($t_{1/2}$) der blau und der orange emittierenden Sub-OLED bei einer Startleuchtdichte von 1000 cd/m^2 ist in Abbildung 4.24 dargestellt. Die Werte von $t_{1/2}$ der blau und der orange emittierenden Komponente von 1100 h und 1300 h sind nur geringfügig kleiner als die in Abschnitt 4.1 definierten Mindestanforderungen. Die gezeigten Lebensdauern sowie alle weiteren beschriebenen Leistungsmerkmale der einzelnen Sub-OLEDs stellen eine fundierte Grundlage für die Umsetzung eines Demonstrationsmusters eines farbabstimmbaren OLED-Moduls dar. Zusammenfassend wurden in diesem Kapitel zunächst die Anforderungen an eine farbabstimmbare Weißlicht-OLED bezüglich des

Tabelle 4.1: Vergleich der Kenndaten der Konzepte direkt aufeinanderfolgende Emissionsfilme (Konzept I) und Tandem-Strukturen (Konzept II) zur Realisierung der orange emittierenden Sub-OLED bei einer Leuchtdichte von 1000 cd/m^2.

	U_B (V)	J_B (mA/cm^2)	η_{lum} (lm/W)	η_{phot} (cd/A)	CIE X	CIE Y
Konzept I	5,2	8,3	7,6	12,6	0,503	0,491
Konzept II	7,2	3,3	13,1	30	0,529	0,466

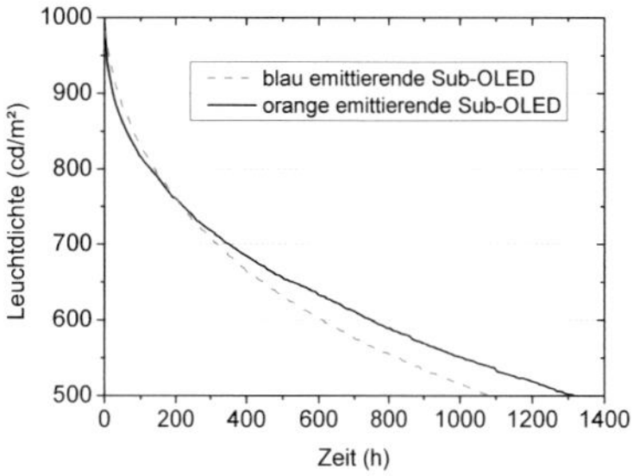

Abbildung 4.24: Lebensdauer ($t_{1/2}$) der blau und der orange emittierenden Sub-OLED bei einer Startleuchtdichte von 1000 cd/m^2.

Farbtons, der Farbwiedergabe, der Effizienz und der Lebensdauer erläutert. Anhand dieser Anforderungen wurden einzelne Emittersysteme ausgewählt, die diese Spezifikationen weitestgehend erfüllen. Seitens der blau emittierenden Sub-OLED wurde das fluoreszente Emittersystem MADN:DPAvBi vorgestellt und diskutiert. Mit diesen Strukturen konnte ein photometrischer Wirkungsgrad von 7 cd/A und ein Luminanzwirkungsgrad von 7 lm/W gezeigt werden. Die für eine Annäherung an die Planck-Kurve erforderliche orange emittierende Sub-OLED konnte durch die Kombination des kommerziell erhältlichen Emittermaterials Ir(MDQ)$_2$(acac) und des am Institut für Hochfrequenztechnik hergestellten Emittermaterials bzq$_2$Ir(acac) erreicht werden. Zu diesem Zweck wurden zunächst beide Materialien anhand von invertierten sowie konventionellen Schichtstrukturen untersucht und diskutiert. Anschließend wurden zwei Konzepte zur Realisierung der Überlagerung der Emissionsspektren des rot und des gelb emittierenden Materialsystems vorgestellt. Mit dem Konzept der Tandem-OLED konnte schließlich ein photometrischer Wirkungsgrad von 30 cd/A sowie ein Luminanzwirkungsgrad von 13 lm/W gezeigt werden. Mit der blau emittierenden Sub-OLED und der orange emittierenden Tandem-Struktur konnten somit leistungsfähige Sub-Komponenten als Voraussetzung für die Entwicklung einer farbabstimmbaren Weißlicht-OLED mit den geforderten Spezifikationen demonstriert werden.

Kapitel 5

(Semi)transparente Top-Elektroden für OLED-Strukturen

Das Stapeln von separat ansteuerbaren OLED-Strukturen setzt die Verwendung einer semitransparenten bzw. transparenten Mitten-Elektrode voraus. Diese Elektroden müssen zunächst die allgemeinen Anforderungen an eine Top-Elektrode für organische Bauelemente erfüllen. Neben einer möglichst rückwirkungsfreien Deposition der Elektrode auf dem organischen Bauelement, einer hohen Leitfähigkeit und einer effizienten elektronischen Anpassung an die organischen Schichten muss für eine Mitten-Elektrode ebenso Transparenz gewährleistet sein. Im folgenden Kapitel werden daher dünne semitransparente metallische Elektroden sowie oxidbasierte Elektroden vorgestellt und bezüglich ihrer elektrischen und optischen Eigenschaften detailliert untersucht. Anhand der Realisierung von top-emittierenden und transparenten OLED-Strukturen werden die vorgestellten Konzepte schließlich bezüglich ihrer Eignung als Top-Elektrode und somit als Mitten-Elektrode diskutiert.

5.1 Dünne Aluminium- und Silberfilme

Metalle heben sich aufgrund ihrer hohen Reflektivität im sichtbaren Spektralbereich des Lichts und durch die Möglichkeit einer technologisch unkomplizierten thermischen Abscheidung für die Verwendung als Elektroden auf organischen Bauelementen hervor. Für diese opaken Kontaktschichten erfüllen Metalle eine elektrische sowie eine optische Funktion. Zum einen ermöglichen sie, bedingt durch ihre hohe Leitfähigkeit ($>$20 kS/cm), einen effizienten Ladungsträgertransport zu den organischen Schichten. Zum anderen reflektieren sie das von der Emissionszone (EZ) isotrop abgestrahlte Licht in Richtung des transparenten Substrats und erhöhen aufgrung von Kavitätseffekten die Effizienz des Bauteils (vgl. Kapitel 2.3.1).

Unterhalb einer Schichtdicke von 30 nm werden Metalle zunehmend auch im sichtbaren Spektralbereich transparent. Abhängig von ihren strukturellen Eigenschaften weisen sie dennoch eine hohe Leitfähigkeit auf und eignen sich somit auch als semitransparente Kontaktschicht zur Auskopplung des in der OLED generierten Lichts. Bei der Materialwahl für eine semitransparente Elektrode bieten sich die bereits etablierten Metalle Ag und Al an. Aufgrund der Austrittsarbeiten von 4,40 eV (Ag) und 4,23 eV (Al) werden diese als Anoden- sowie Kathoden-Materialien für organische Bauelemente verwendet [44, 135–137]. In Kombination mit den sehr effizienten Loch- bzw. Elektroneninjektionssystemen, wie beispielsweise α-NPD:MoO_3 bzw. BPhen:Cs_2CO_3 und Lithiumfluorid (LiF), liegt es nahe, diese auch für die Realisierung semitransparenter Kontaktschichten zu nutzen [68, 138, 139]. Dazu ist jedoch eine genaue Kenntnis der strukturellen, elektrischen und optischen Eigenschaften der genannten Metalle in einem Bereich der Schichtdicke von etwa 10 nm bis 30 nm erforderlich. Im folgenden Abschnitt werden daher die elektrischen und optischen Eigenschaften dünner Al- und Ag-Filme im Hinblick auf eine Verwendung einer semitransparenten Metallschicht als Mitten- bzw. Top-Elektrode für einfache und gestapelte OLEDs diskutiert.

5.1.1 Strukturelle und elektrische Eigenschaften dünner Al- und Ag-Filme

Für die Untersuchung der strukturellen und elektrischen Eigenschaften wurden Al- und Ag-Filme auf Borofloat^{TM}-Glas bzw. Silizium (Si) mit mit einer nativen Siliziumdioxid-Schichtdicke (SiO_2) von 1,5 nm abgeschieden. Die Deposition der Metalle erfolgte mittels thermischer Evaporation bei einer Depositionsrate von 1,5 Å/s bis 2,0 Å/s.

Abbildung 5.1 zeigt eine Raster-Elektronen-Mikroskop (REM) Aufnahme einer Al-Schicht mit einer Schichtdicke von 5 nm (a) und 10 nm (b) abgeschieden auf Si. Bei einer Schichtdicke von 5 nm sind voneinander separierte Al-Bereiche (Inseln) zu erkennen. Bei einer Schichtdicke von 10 nm werden die einzelnen Al-Körner größer. Die in Abbildung 5.2 dargestellte Al-Schicht mit einer Schichtdicke von 50 nm erscheint dreidimensional. Bei einer zu Abbildung 5.1 b) vergleichbaren Korngröße scheinen die Al-Cluster übereinander geschichtet zu sein. Mit Hilfe dieser Aufnahmen lässt sich der Wachstumsprozess der Al-Schicht wie folgt beschreiben. Ein Al-Teilchen, das auf das Substrat auftrifft, gibt seine kinetische Energie durch Stöße an dessen Atome oder Moleküle ab. Anschließend wird es dort zunächst nichtkovalent durch die Van-der-Waals-Kraft gebunden [140]. Vergleichbar mit der Brownschen Molekularbewegung bewegt sich das Al-Atom nun auf der Substratoberfläche und tritt in Wechselwirkung mit bereits gebundenen Filmatomen oder Substratteilchen. Das Bestreben Bindungen einzugehen folgt aus der Tatsache, dass die Teilchen auf diese Weise ihre Gesamtenergie reduzieren können [141]. Die sich nun bildenden Al-Cluster wachsen durch

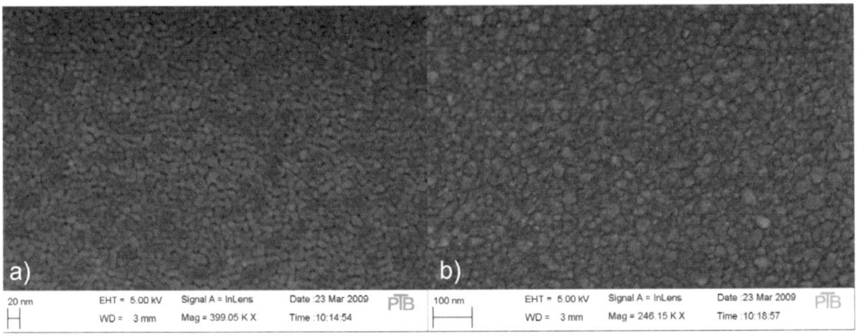

Abbildung 5.1: Raster-Elektronen-Mikroskop (REM) Aufnahme einer thermisch aufgedampften Al-Schicht mit einer Schichtdicke von (a) 5 nm und (b) 10 nm.

Wiederholung des beschriebenen Effektes, bis sie eine Größe von etwa 20 nm erreicht haben. Ist dies gegeben, setzt sich deren Wachstum nur noch parallel zur Substratoberfläche fort, bis der Film geschlossen ist. Die Größe dieser Cluster bzw. die Schichtdicke, ab der es zum Auffüllen der Zwischenräume kommt, ist von den verwendeten Film- und Substratmaterialien, der Depositionsrate und Substrattemperatur abhängig. Die Wachstumsmechanismen können theoretisch anhand von drei Modellen beschrieben werden [85]. Ist die Bindungsenergie der Filmpartikel untereinander kleiner als zwischen Film- und Substratteilchen, wird die Clusterbildung gehemmt und der Film wächst in Monolagen auf (engl. layer by layer). Dieser Mechanismus wird als Frank-van-der-Merve-Wachstum bezeichnet [142]. Ist jedoch das Gegenteil der Fall und damit das Clusterwachstum begünstigt, kann eine Inselbildung beobachtet werden und man spricht vom Vollmer-Weber-Mechanismus [140]. Das in Ab-

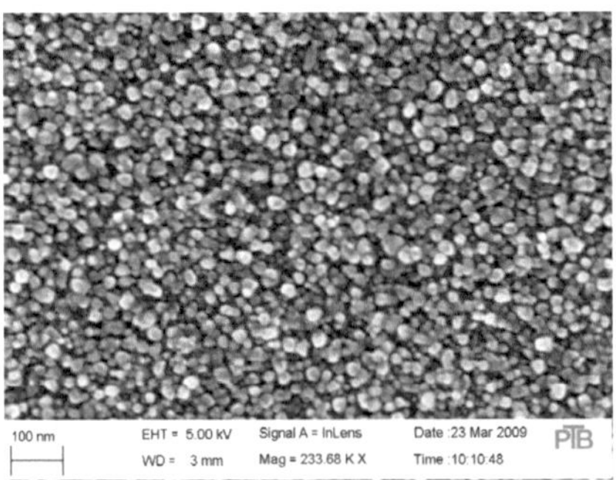

Abbildung 5.2: Raster-Elektronen-Mikroskop (REM) Aufnahme einer thermisch aufgedampften Al-Schicht mit einer Schichtdicke von 50 nm.

bildung 5.1 und 5.2 beobachtete Wachstumsverhalten dünner Al-Schichten lässt zunächst auf ein Vollmer-Weber-Wachstum schließen. In der Literatur wird jedoch insbesondere für thermisch auf Si bei Raumtemperatur abgeschiedene Ag-Filme eine Kombination beider Mechanismen diskutiert. Demnach bildet sich zunächst eine geschlossenen Schicht im Bereich einiger Monolagen (engl. wetting layer). Erst bei zunehmender Schichtdicke überwiegt die Inselbildung [143–145]. Dieser Mechanismus wird als Stranski-Kastranov-Wachstum bezeichnet [146]. Der vorherrschende Wachstumsprozess wird zudem maßgeblich von dem verwendeten Substratmaterial beeinflusst. Trafas et al. konnten für Ag-Filme, abgeschieden auf Galliumarsenid bei Raumtemperatur, ein reines Vollmer-Weber-Wachstum nachweisen [141].

Anhand des Verlaufs der spezifischen Leitfähigkeit in Abhängigkeit der Schichtdicke dünner Ag- und Al-Filme abgeschieden auf Borosilikatglas, dargestellt in Abbildung 5.3, ist das beschriebene Inselwachstum nachzuvollziehen. In dem gewählten Schichtdickenbereich von 10 nm bis 35 nm steigt die spezifische Leitfähigkeit beider Materialien linear an. Im weiteren Verlauf ist jedoch ein stark nicht lineares Verhalten zu erwarten. Die spezifische Leitfähigkeit nähert sich dann dem Wert des jeweiligen Volumen-Materials (Bulk) an. Die um den Faktor zwei höhere spezifischen Leitfähigkeit des Ag-Bulk-Materials von $61{,}4 \cdot 10^4$ S/cm im Vergleich zum Al-Bulk-Material von $37{,}6 \cdot 10^4$ S/cm wirkt sich, bei den betrachteten Schichtdicken, durch einen steileren Verlauf der Ag-Leitfähigkeit aus [147]. In diesem Bereich wird die spezifische Leitfähigkeit hauptsächlich durch das stetig wachsende Perkolationsnetzwerk zwischen den Inseln bestimmt. Die Sättigung der Leitfähigkeit tritt ein, sobald das Netzwerk komplett ausgebildet ist und der Film somit die Volumeneigenschaften des Bulk-Materials angenommen hat [148]. Eine Unterscheidung zwischen Vollmer-Weber- und Stranski-Kastranov-Wachstum ist anhand der in Abbildung 5.3 vorgestellten Ergebnissen jedoch nicht möglich.

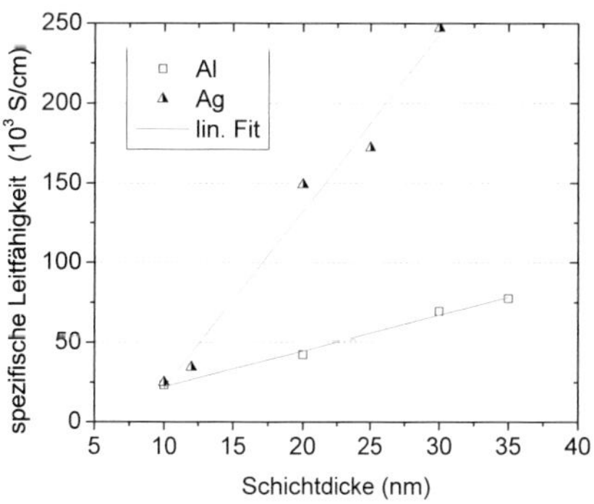

Abbildung 5.3: Leitfähigkeit dünner Ag- und Al-Filme in Abhängigkeit der Schichtdicke.

5.1.2 Optische Eigenschaften dünner Al- und Ag-Filme

Zur Bestimmung der Transmittanzspektren wurden Ag- und Al-Schichten auf Borofloat™-Glas mit Schichtdicken von 5 nm, 10 nm, 20 nm und 30 nm abgeschieden. Die gemessenen spektralen Verläufe sind in Abbildung 5.4 dargestellt. Analog zu dem Absorptionsspektrum der Bulk-Materialien lässt die höhere Transmittanz der Ag-Filme ab einer Schichtdicke von 20 nm auf eine, im Vergleich zu den Al-Schichten, geringere Absorption schließen. Der exponentielle Verlauf der Transmittanz gemittelt über den sichtbaren Spektralbereich (T_{VIS}) in Abhängigkeit der Al- und Ag-Schichtdicke in einem Bereich von 0 nm bis 100 nm ist in Abbildung 5.5 a) gegeben. Auch hier wird deutlich, dass Ag-Filme ab einer Schichtdicke von 20 nm eine höhere T_{VIS} als Al-Filme aufweisen. Für die Verwendung einer semitransparenten Metallschicht als Mitten-Elekrode ist die Betrachtung der Transmittanz bei ausgewählten Wellenlängen zweckmäßig. Resultierend aus der Absorption durch freie Ladungsträger zeigen Al und Ag im gewählten Bereich der Schichtdicke bei zunehmender Wellenlänge eine ansteigenden Reflektion und somit eine abnehmende Transmission (vgl. Abbildung 5.4). Allgemein basiert dieses Phänomen auf der Tatsache, dass die Plasmafrequenz, gegeben durch:

$$\omega_P = \sqrt{\frac{ne}{\epsilon_0 m^*}} \tag{5.1}$$

mit e: Elementarladung, n: Ladungsträgerdichte und m^*: effektiver Elektronenmasse, von Metallen im UV-Bereich liegt. Am Beispiel von Silber entspricht die Plasmafrequenz einer Wellenlänge von etwa 320 nm. Die daraus resultierende Plasmaresonanzfrequenz (Plasmakante) befindet sich ebenfalls im UV-Bereich und ist die Ursache für die Verringerung der Reflektion und damit das Ansteigen der Transmission bei Metallen zu kleineren Wellenlängen. Der zuvor beschriebene Effekt ist für die Konzeptionierung einer gestapelten OLED-Struktur mit Ag- oder Al-Mitten-Elektrode von großer Bedeutung. Aus Abbildung 5.5 b) geht her-

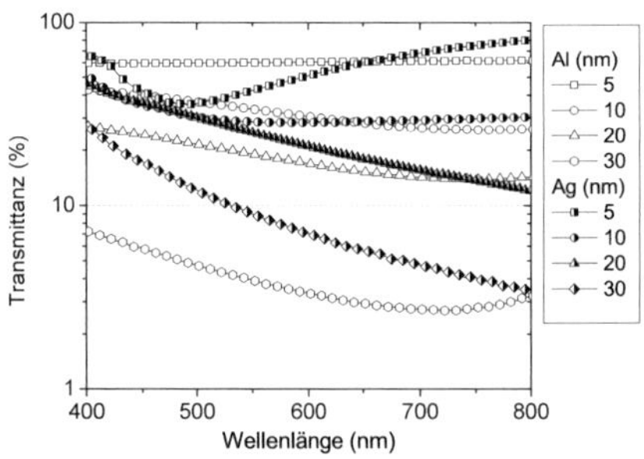

Abbildung 5.4: Transmittanzspektren dünner Ag- und Al-Filme bei Schichtdicken von 5, 10, 20 und 30 nm.

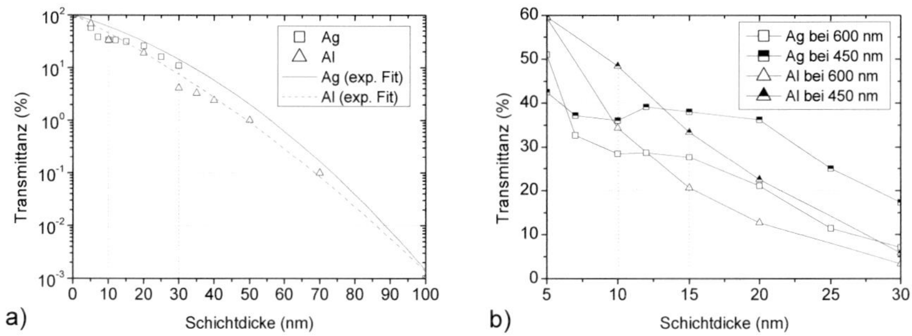

Abbildung 5.5: Transmittanz dünner Ag- und Al-Filme gemittelt über den sichtbaren Spektralbereich (T_{VIS}) (a) und bei ausgewählten Wellenlängen (600 nm und 450 nm) (b) in Abhängigkeit der Schichtdicke.

vor, dass bei relevanten Schichtdicken >10 nm die Transmittanz bei einer Wellenlänge von 450 nm etwa 10 % höher ist als bei einer Wellenlänge von 600 nm. Bei der Positionierung der blau emittierenden bzw. der rot emittierenden Sub-OLED im Stapel muss dieser Effekt Berücksichtigung finden.

Da die optische Optimierung einer OLED mit semitransparenter Al- oder Ag-Elektrode im Vorfeld mittels der optischen Simulation ETFOS^{TM} erfolgt, ist die Kenntnis der optischen Parameter der dünnen Metallschichten erforderlich. Diese werden in Form des komplexen Brechungsindex $N = n + j\kappa$ (Brechungsindex n und Extinktionskoeffizient κ) beschrieben. Die Bestimmung der komplexen Brechungsindizes erfolgte mittels Ellipsometrie. Anhand von Fit-Funktionen nach Drude und Lorentz wurden daraus die n- und κ-Spektren berechnet.[1] Untersucht wurde eine Ag-Schicht (12 nm) abgeschieden auf Si und eine Al-Schicht (18 nm) abgeschieden auf dem später anwendungsrelevanten n-leitenden organischen Halbleitermaterial BPhen:Cs_2CO_3 (siehe Kapitel 5.2). Abbildung 5.6 zeigt den wellenlängenabhängigen Verlauf des Brechungsindex n (a) und Extinktionskoeffizient κ (b) dünner Al- und Ag-Schichten auf unterschiedlichen Untergrundmaterialien im Vergleich zum Verlauf des Bulk-Materials. Die n- und κ-Daten des Ag- bzw. Al-Bulkmaterials wurde aus der ETFOS^{TM}-Datenbank entnommen. Es ist zu beobachten, dass der Brechungsindex beider Metallschichten im gesamten Spektralbereich über dem des Bulk-Materials liegt. Nach Oates et al. basiert dieses Phänomen auf dem Schichtwachstum [149–151]. Demnach führen Lücken im Film zu einem Anstieg der Dielektrizitätszahl ϵ_r und aufgrund des Zusammenhangs:

[1]Vielen Dank an Jean-Louis Stehle von SOPRALAB für die Unterstützung bei der Interpretation der Ellipsometriedaten und der Berechnung der optischen Parameter.

$$n = \sqrt{\epsilon_r} \tag{5.2}$$

auch zu einem Anstieg des Brechungsindex. In Übereinstimmung mit den REM-Aufnahmen in Abbildung 5.1 weisen also beide Metallfilme Lücken auf. Tendenziell unterschiedliche Verläufe im Vergleich zum Bulk-Material sind für den Extinktionskoeffizienten, dargestellt in Abbildung 5.6 b), zu beobachten. Während sich κ der Ag-Schicht (12 nm) dem des Ag-Bulk-Materials annähert, ist der Extinktionskoeffizient des Al-Films, deponiert auf BPhen:Cs_2CO_3, signifikant geringer als der des Bulk-Materials. Nach McAllister et al. ist bei dünnen Metallschichten im Vergleich zum Bulk-Material ein Anstieg des Extinktionskoeffizienten zu erwarten [152]. Die bereits diskutierte Inselbildung dünner Metallfilme ermöglicht durch Streuung des einfallenden Lichts einen Energietransfer zwischen Photonen und Plasmonen auf der Metalloberfläche (engl. surface plasmon polariton, SPP), woraufhin der Extinktionskoeffizient der Schicht und somit die Absorption des einfallenden Lichts zunimmt [151, 153]. Für die Verringerung des Extinktionskoeffizienten der Al-Schicht, abgeschieden auf BPhen:Cs_2CO_3, sind zwei mögliche Ursachen zu nennen. Zum einen wurden die ellipsometrischen Messungen an Luft durchgeführt. Es ist daher davon auszugehen, dass eine Oxidation der Al-Oberfläche stattgefunden hat. Der ermittelte Extinktionsverlauf beschreibt demnach die optischen Eigenschaften eines Schichtsystems bestehend aus Al und Al_2O_3. Zum anderen sind die Beschaffenheit der Oberfläche und die elektronische Struktur des Basismaterials (BPhen:Cs_2CO_3)

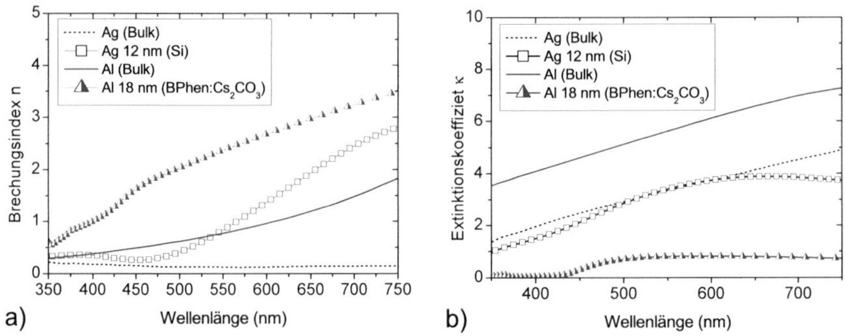

Abbildung 5.6: Verlauf des Brechungsindex n (a) und Extinktionskoeffizienten κ (b) eines Ag-Films (12 nm auf Si) und eines Al-Films (18 nm auf BPhen:Cs_2CO_3) in Abhängigkeit der Wellenlänge im Vergleich zum Volumenmaterial (Bulk) entnommen aus der ETFOS^{TM}-Datenbank.

als Einflussfaktoren zu nennen. Diese können das Schichtwachstum und somit die optischen Parameter der Al-Schicht maßgeblich beeinflussen [145,154]. Eine Verifizierung der optischen Parameter der Al-Schicht erfolgt in Kapitel 5.2.3 durch den Vergleich der optischen Simulation und der experimentell ermittelten Daten einer anwendungsrelevanten OLED-Struktur.

5.2 Dünne Al-Filme als Elektroden für top-emittierende OLEDs

Im Bereich der Beleuchtungs- und Display-Anwendungen sind top-emittierende OLEDs als wegweisend anzusehen. Im Gegensatz zur konventionellen bottom-emittierenden OLED, bei der das Licht durch das Glassubstrat ausgekoppelt wird, erfolgt die Lichtauskopplung bei der top-emittierenden OLED durch die semitransparente oder transparente Top-Elektrode [2,9]. Der große Vorteil einer top-emittierenden OLED für die Display-Technologie ist die Möglichkeit, das organische Bauelement direkt auf einem opaken Substrat, wie beispielsweise Si, platzieren zu können. Auf diese Weise können organische Aktiv-Matrix-Displays (AM-Displays) hergestellt werden, deren Pixel einen Füllfaktor von 100 % aufweisen [155–157]. Darüber hinaus können für top-emittierende OLEDs auch günstige Substratmaterialien wie z.B. Stahl- oder PET-Folie verwendet werden, die zudem auch flexibel ausgeführt sein können [158–161]. Als substratseitige Elektrode werden aufgrund der hohen Leitfähigkeit und der hohen Reflektivität im sichtbaren Spektralbereich üblicherweise Silber oder Aluminium verwendet. In Verbindung mit den bereits in Kapitel 5.1 erwähnten Materialsystemen, ermöglichen Ag- und Al-Elektroden zusätzlich eine effiziente Ladungsträgerinjektion. Zunächst wird der prinzipielle Aufbau der untersuchten top-emittierende OLED vorgestellt. Im nächsten Schritt erfolgt mit Hilfe einer optischen Simulation auf Basis der in Kapitel 5.1.2 ermittelten optischen Parameter die Optimierung des Schichtstapels. Anschließend wird der Einfluss einer organischen Auskoppelschicht auf die Lichtauskopplung untersucht. Darüber hinaus werden die Auswirkungen einer mittels ALD abgeschiedenen anorganischen Deckschicht auf die elektrischen Eigenschaften sowie das Emissionsverhalten der OLED diskutiert. Dieses Deckschichtkonzept auf der semitransparenten Top-Elektrode einer top-emittierende OLED ermöglicht neben einer Effizienzsteigerung der OLED zusätzlich einen effektiven Schutz der organischen Schichten gegenüber Sauerstoff und Wasser.

5.2.1 Schichtstruktur und organische Auskoppelschichten

Aufgrund der Lage der Austrittsarbeiten wurde Ag von 4,40 eV als substratseitige Anode und Al von 4,23 eV als semitransparente Kathode gewählt [162]. Der vereinfachte Aufbau der top-emittierende OLED in konventioneller Bauweise ist in Abbildung 5.7 a) dargestellt. Aufgrund der n-leitenden Eigenschaften des Matrixmaterials des später näher spezifizierten Emittersystems ist von einer diskreten Rekombinationszone (RZ) angrenzend an die HTL auszugehen. Abbildung 5.7 b) zeigt anhand einer optischen Simulation den Einfluss der HTL- und ETL-Schichtdicken auf den Leuchtdichteverlauf der grün emittierenden top-emittierenden OLED auf Basis des Emittermaterials Ir(ppy)$_3$ bei einem Betrachtungswinkel von 0°. Die Simulation erfolgte auf Basis der in Kapitel 5.1.2 ermittelten n- und κ-Daten für 18 nm Al auf BPhen:Cs_2CO_3. Die maximale Leuchtdichte wird demnach für eine HTL bzw. ETL mit einer Schichtdicke von 50 nm erreicht. Dieses Phänomen ist durch Interferenzeffekte innerhalb der Mikrokavität der top-emittierende OLED zu erklären. Zwischen den metallischen Elektroden bildet sich aufgrund ihrer Reflektivität eine optische Kavität aus. Durch einen optimalen Abstand der Emissionszone zu den Elektroden kann durch konstruktive oder destruktive Interferenz die Intensität des in der Kavität generierten Lichts verstärkt oder abgeschwächt werden [61, 133]. Damit erhöht oder verringert sich auch der Anteil des ausgekoppelten Lichts (vgl. Kapitel 2.3.1).

Eine zusätzliche drastische Erhöhung des ausgekoppelten Anteils des Lichts kann durch die Verwendung einer dielektrischen Deckschicht oder Auskopplungsschicht (engl. capping layer, outcoupling layer) auf der semitransparenten Metall-Elektrode erzielt werden [69, 70, 163]. Dieser Effekt ist auf eine Optimierung der Kavitätseffekte innerhalb der top-emittierenden OLED zurückzuführen. Die optimale ausgekoppelte Intensität des Lichts ist demnach abhängig von der Schichtdicke und dem Brechungsindex der Deckschicht (vgl. Kapitel 2.3.2).

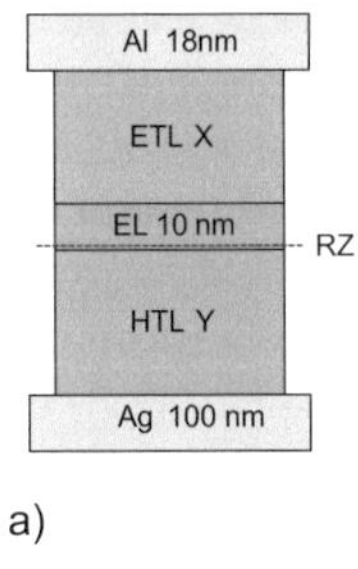

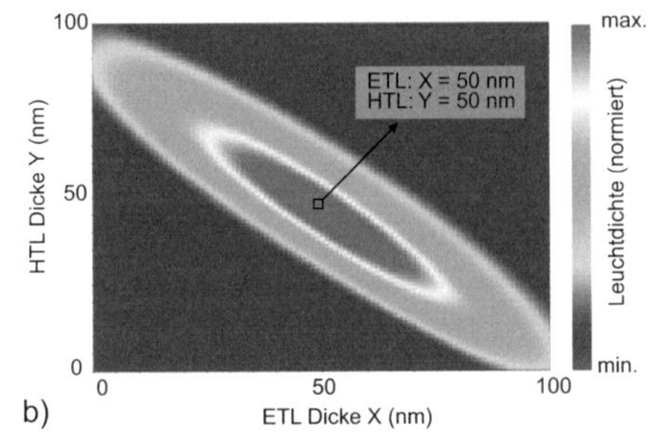

Abbildung 5.7: Schematische Darstellung der Schichtreihenfolge einer top-emittierenden OLED (a) in konventioneller Bauweise. Verlauf der simulierten Leuchtdichte in Abhängigkeit der HTL und ETL Schichtdicke (b) einer grün emittierenden top-emittierenden OLED auf Basis des Emittermaterials Ir(ppy)$_3$ bei einem Betrachtungswinkel von 0°.

Top-emittierende OLEDs können dadurch im Vergleich zu bottom-emittierenden OLEDs höhere Effizienzen erreichen [71–74]. Die Ursache dafür liegt in zusätzlichen Effizienzverlusten durch substratgeführte Moden begründet, die bei einer top-emittierenden OLED nicht vorhanden sind [63, 164]. In Abbildung 5.8 a) ist der simulierte und der experimentell ermittelte Verlauf der Leuchtdichte in Abhängigkeit der Schichtdicke einer top-emittierenden OLED mit einer organischen Deckschicht (TCTA) dargestellt. Im Minium beträgt die Leuchtdichte und folglich ebenso die Effizienz des Bauteils 50 % des Maximalwerts. Das erste Maximum des Leuchtdichteverlaufs ergibt sich bei einer Deckschichtdicke von etwa 70 nm. Der zusätzliche Einfluss des Brechungsindex der Deckschicht auf die Leuchtdichte der top-emittierenden OLED ist in Abbildung 5.8 b) dargestellt. Demnach ist für ein höherbrechendes Material im Vergleich zu TCTA aufgrund der gleichen optischen Dicke erwartungsgemäß eine geringere Deckschichtdicke zum Erreichen der gleichen Leuchtdichte erforderlich. Darüber hinaus ist jedoch zusätzlich ein Anstieg der Leuchtdichte mit Erhöhung des Brechungsindex zu beobachten. Bei einem Brechungsindex von $n = 2$ werden bei einer Deckschichtdicke von 60 nm etwa 20 % mehr Licht in 0°-Richtung ausgekoppelt. Es werden daher vermehrt anorganische Materialien wie z.B. Zinkselenid (ZnSe) und Zinksulfid (ZnS), die einen Brechungsindex >2 aufweisen, als Auskoppelschichten eingesetzt [63, 165, 166].

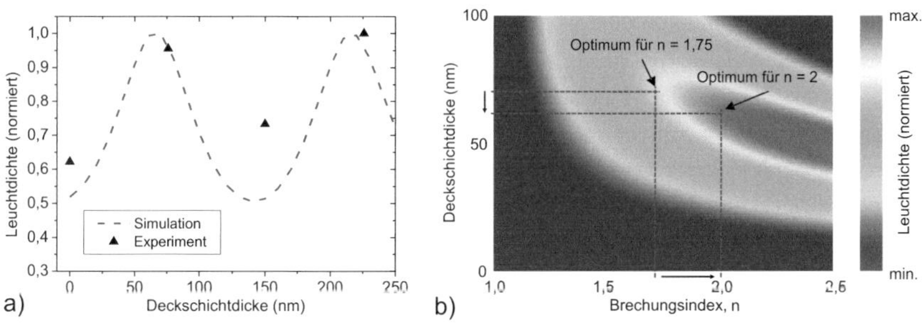

Abbildung 5.8: (a) Darstellung des simulierten und experimentell ermittelten Leuchtdichteverlaufs einer top-emittierenden OLED mit einer organischen Deckschicht (TCTA) als Funktion der Deckschichtdicke. (b) Simulation der Leuchtdichte einer top-emittierenden OLED in Abhängigkeit der Schichtdicke und des Brechungsindex der Deckschicht bei einem Betrachtungswinkel von 0°.

5.2.2 Bifunktionale Deckschichten mittels Atomlagenabscheidung - ALD

Der Schutz der organischen Schichten gegenüber Wasser- und Sauerstoffeinfluss erfolgt in der Regel durch Aufbringen eines Glasdeckels auf das OLED-Substrat [18]. Bei einer top-emittierenden OLED würde dieser Glasdeckel jedoch vergleichbar zu einer bottom-emittierenden OLED zu Verlusten, bedingt durch Glasmoden, führen. Des Weiteren sind Glasdeckel für die Verkapselung flexibler Substrate ungeeignet. Eine Alternative stellt die Dünnschichtverkapselung dar. Diese Verkapselungsschicht muss eine zu einem Glasdeckel vergleichbare Diffusionsbarriere für Wasser und Sauerstoff und somit ein dichtes und homogenes Schichtwachstum aufweisen. Des Weiteren muss bei der Prozessierung dieser Verkapselungsschicht gewährleistet sein, dass die organischen Schichten der OLED nicht beschädigt werden. Ein Verfahren zur Deposition homogener dichter Dünnschichten ist die ALD. Bei einer OLED-relevanten Prozesstemperatur von 80 °C konnten Meyer et al. mit einem Mehrschichtsystem (engl. nanolaminate, NL) bestehend aus alternierenden Al_2O_3- und ZrO_2-Schichten eine sehr geringe Permeationsrate (engl. water vapor transition rate, WVTR) von $4{,}7\cdot10^{-5}$ g/(m^2Tag) für Wasser und $1{,}6\cdot10^{-2}$ cm^3/(m^2Tag) für Sauerstoff erreichen [167]. Neben einer Transmittanz von >90 % (T_{VIS}) resultiert aus der hohen Dichte dieser Schicht-Struktur eine Permittivität von $\epsilon_r = 8$ und somit ein hoher Brechungsindex von $n \approx 2$. Die Verkapselungsschicht auf der semitransparenten Elektrode einer top-emittierenden OLED kann somit zusätzlich die Wirkung einer Auskopplungsschicht erzielen. Geringe WVTRs für NL-Strukturen bis zu einer unteren Schichtdicke von 40 nm bieten darüber hinaus eine hohe Flexibilität bei der Dimensionierung der Deckschichtdicke der Auskopplungsschicht [53]. Auf Basis der NL-Strukturen konnten bottom-emittierende OLEDs mit Degradationscharakteristika gezeigt werden, vergleichbar zu denen einer OLED mit Glasdeckelverkapselung [168]. Diese Untersuchungen beziehen sich jedoch auf eine OLED-Struktur mit einer konventionellen Bauweise und einer opaken Al-Kathode mit einer Schichtdicke von 100 nm. Für eine semitransparente Al-Kathode mit einer Schichtdicke von <20 nm muss die schadfreie Deposition der NL-Struktur demnach noch belegt werden.

Im folgenden Abschnitt wird daher zunächst der Einfluss des ALD-Prozesses auf die elektrischen Eigenschaften einer OLED mit variierter Schichtdicke der Al-Top-Elektrode untersucht. Die dafür gewählten OLED-Strukturen sind in Abbildung 5.9 dargestellt. Die Schichtstapel unterscheiden sich im Wesentlichen durch die verwendeten Injektionssysteme. Während die Injektion der Elektronen von der Kathode in die organischen Schichten bei der ersten Schichtstruktur, dargestellt in Abbildung 5.9 a), durch eine Injektionsschicht (IL) bestehend aus 1,2 nm LiF erfolgt wird bei der zweiten Struktur, dargestellt in Abbildung 5.9 b), eine Elektronen-IL bestehend aus BPhen:Cs_2CO_3 mit einer Schichtdicke von 40 nm und einer

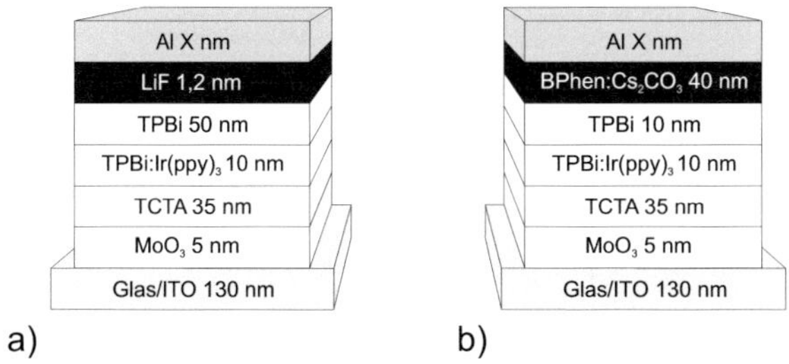

Abbildung 5.9: OLED-Strukturen zur Untersuchung des Einflusses der Atomlagenabscheidung auf die elektrischen Eigenschaften einer OLED mit LiF-Injektionsschicht (a) und einer BPhen:Cs_2CO_3-Injektionsschicht (b).

Cs_2CO_3 Dotierung von etwa 3 Gew.-% verwendet. Alle weiteren Schichten beider Strukturen sowie die integrale Schichtdicke sind identisch. Die Schichtdicke der Al-Top-Elektrode wurde in einem Bereich von 10 nm bis 100 nm variiert. Die Herstellung der Al_2O_3-Schichten erfolgte mit einem TMA- (Trimethylaluminium) und einem H_2O-Präkursor. Für einen Al_2O_3-Zyklus wurden jeweils 15 ms TMA und Wasser in den Reaktor eingeleitet. Zwischen den Intervallen wurde der Reaktor für 5 s mit N_2 (20 sccm) gespült. Zur Präparation der ZrO_2-Filme wurde ein TDMA(Zr)- (Tetrakis(dimethylamido)zirconium(IV)) und ebenfalls ein H_2O-Präkursor verwendet. Die Zeitintervalle betrugen 0,3 s (TDMA(Zr)) und 30 ms (H_2O) unterbrochen durch ein Spülintervall von 7 s (N_2). Die Al_2O_3- und ZrO_2-Subschichten wurden mit jeweils 20 Zyklen hergestellt und führten zu einer Schichtdicke von 2 nm und 3,8 nm. Um einen schonenden Prozess auf der OLED zu gewährleisten betrug die Temperatur des Reaktors 80 °C [167]. Die optischen Eigenschaften der NL-Struktur wurden mit Hilfe von Transmissionsmessungen und Ellipsometrie untersucht. Nach Abbildung 5.8 b) weist NL optimale Eigenschaften als Auskoppelschicht auf einer top-emittierenden OLED bei einer Schichtdicke von 50 nm auf. Diese Schichtdicke entspricht einer Prozesszeit von etwa 2 h.

In einem ersten Schritt wurden die ALD-Prozessbedingungen ohne Schichtabscheidung simuliert. Dazu wurden die OLED-Strukturen unter N_2-Atmosphäre für zwei Stunden auf 80 °C erwärmt und daraufhin die IV-Charakteristika ebenfalls in N_2-Athmosphäre aufgenommen. Für eine Bewertung der Änderung der IV-Charakteristik wurde der Spannungsanstieg ΔU als Differenz der Betriebspannungen bei einer Stromdichte von 50 mA/cm^2 nach (U_{nach}) bzw. vor (U_{vor}) der thermischen Behandlung bzw. dem ALD-Prozess wie folgt definiert:

$$\Delta U = U_{\text{nach}} - U_{\text{vor}}. \tag{5.3}$$

Die Ergebnisse der OLED mit Al/LiF-Kathode, dargestellt in Abbildung 5.10 a), zeigen für eine Al-Schichtdicke von 10 nm ein ΔU von 3,75 V, der mit zunehmender Al-Schichtdicke exponentiell abfällt. Demnach hat die Prozesstemperatur des ALD-Prozesses einen signifikanten Einfluss auf den Anstieg der Betriebsspannung der OLED-Struktur. Als Ursache dafür ist die Reaktion elementaren Lithiums mit molekularem Stickstoff wie folgt zu nennen [169]:

$$6\text{Li} + \text{N}_2 \rightarrow 2\text{Li}_3\text{N}. \tag{5.4}$$

Diese Reaktion erfolgt schon bei Raumtemperatur langsam und wird bei höheren Temperaturen entsprechend beschleunigt [169]. Bei der Herstellung der OLED führt die Aufspaltung des LiF durch die nachfolgende Al-Deposition zunächst zu einer Li-Dotierung des TPBi und somit zu einer Verringerung der Injektionsbarriere für Elektronen an der Grenzfläche TPBi/Al [170, 171]. In Gegenwart von Stickstoff reagiert jedoch das elementare Li gemäß Gleichung 5.4, woraufhin der Anteil elementaren Lithiums an der TPBi/Al-Grenzfläche reduziert wird. Die Injektionsbarriere und somit auch ΔU wird durch diesen Effekt wieder erhöht. Die offensichtliche Abhängigkeit des Spannungsanstiegs von der Schichtdicke der Top-Elektrode ist auf die Permeabilität des Al-Films gegenüber Stickstoff zurückzuführen. Demnach ist erst ab einer Al-Schichtdicke von 20 nm ein ausreichender Schutz vor N_2-Diffusion in die organischen Schichten gewährleistet. Dieser Zusammenhang bestätigt in Übereinstimmung mit den Erkenntnissen aus Kapitel 5.1.2 das Vorhandensein von Lücken im leitfähigen

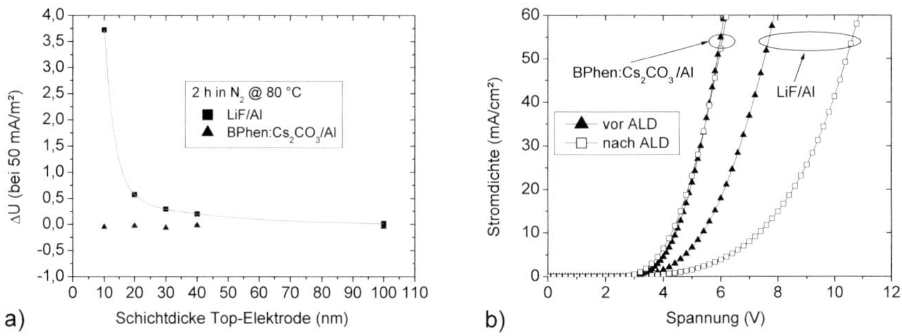

Abbildung 5.10: (a) Spannungsanstieg (ΔU) einer OLED in Abhängigkeit von der Schichtdicke der Top-Elektrode (Al) für LiF im Vergleich zu BPhen:Cs_2CO_3 als Elektroneninjektionsschicht nach einer Erwärmung auf 80 °C für 2 h in N_2-Atmosphäre. (b) Einfluss der Al_2O_3-Deposition bei 80 °C auf die IV-Charakteristika einer OLED mit variierten Elektroneninjektionsschichten bei einer Al-Schichtdicke von 10 nm.

Al-Film bis zu einer Schichtdicke von 20 nm. Bei der Verwendung von BPhen:Cs_2CO_3 als ETL/IL ist über die gesamte Variation der Al-Schichtdicke kein Spannungsanstieg zu beobachten.

In einem zweiten Schritt wurde auf beide Teststrukturen mit einer Al-Schichtdicke von 10 nm eine reine Al_2O_3-Schicht bei einer Prozesstemperatur von 80 °C abgeschieden. Die Strom-Spannungsverläufe der OLED vor und nach der Deposition sind in Abbildung 5.10 b) dargestellt. Der Spannungsanstieg $\Delta U = 0V$ des Bauteils mit BPhen:Cs_2CO_3 als Injektionsschicht gegenüber einem $\Delta U = 3{,}75V$ des Bauteils mit LiF als Injektionsschicht bestätigt, dass nicht die Materialdeposition sondern im Wesentlichen die Prozesstemperatur in Kombination mit LiF und Stickstoff zu einer Beeinträchtigung der OLED führt. Anhand dieser Ergebnisse hat sich das Injektionssystem basierend auf BPhen:Cs_2CO_3 für weiterführende Experimente als geeignet herausgestellt.

5.2.3 Auswirkungen der Deckschicht auf die Lichtemission

Basierend auf den in Kapitel 5.2.2 gesammelten Erkenntnissen bezüglich des Einflusses der Atomlagenabscheidung auf die elektrischen Charakteristika der OLED, sollen im Folgenden die Auswirkungen einer Deckschicht auf die Emissionseigenschaften einer top-emittierenden OLED diskutiert werden. Aufgrund der ebenfalls in Kapitel 5.2.2 beschriebenen optischen Eigenschaften in Kombination mit der herausragenden Verkapselungswirkung wurde das bereits beschriebene NL mit einer Schichtdicke von 50 nm als Deckschicht gewählt. Der organische Schichtstapel der top-emittierenden OLED entspricht der in Abbildung 5.9 b) dargestellten Struktur. Als reflektierende Anode wurde ein Mehrschichtsystem bestehend aus 5 nm Chrom (Cr), 70 nm Silber (Ag) und 10 nm Indium-Zinn-Oxid (ITO) verwendet. Dieses System hat sich aufgrund einer hohen Widerstandsfähigkeit gegenüber dem nachfolgenden nasschemischen Lithographieprozess zur Passivierung der aktiven Fläche bewährt (vgl. Kapitel 3.1.2). Eine stabile und reproduzierbare Top-Elektrode ergab sich bei einer Al-Schichtdicke von 18 nm mit einer Leitfähigkeit von 30 kS/cm und einer Transmittanz von 25 % (T_{VIS}).

Der komplette Schichtstapel sowie die LIV-Charakteristika der top-emittierenden OLED vor und nach der NL-Deposition sind in Abbildung 5.11 a) dargestellt. Bei der Messung vor dem ALD-Prozess wurde eine Einsetzspannung der top-emittierenden OLED von 2,5 V ermittelt. Die Einsetzspannung der OLED nach dem ALD-Prozess ist mit etwa 2,3 V geringfügig kleiner. Dieser Effekt ist auf eine temperaturbedingte Änderung der Morphologie des BPhen:Cs_2CO_3 zurückzuführen, die kathodenseitig eine Verringerung der Injektionsbarriere zur Folge hat [172]. Vergleiche von OLEDs mit und ohne Temperaturbehandlung ohne NL-Deposition haben jedoch einen nicht signifikanten Einfluss dieses Effekts auf die Effizienzen

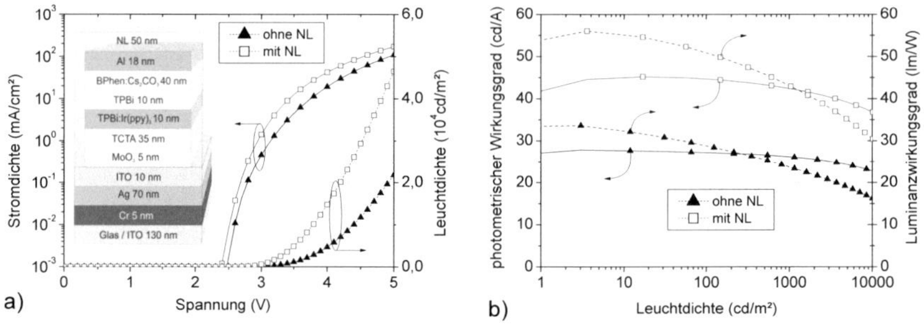

Abbildung 5.11: Vergleich der LIV-Charakteristika (a) und der Wirkungsgrade (b) einer top-emittierenden OLED ohne bzw. mit NL-Deckschicht.

der OLEDs ergeben. Das Bauteil mit NL-Deckschicht weist offensichtlich trotz vergleichbarer elektrischer Eigenschaften eine deutlich höhere Leuchtdichte auf. Der Vergleich der resultierenden Wirkungsgrade, dargestellt in Abbildung 5.11 b), zeigt nach der NL-Abscheidung eine Erhöhung des maximalen photometrischen Wirkungsgrades von 34 cd/A auf 56 cd/A und des maximalen Luminanzwirkungsgrades von 29 lm/W auf 48 lm/W. Demnach wird der Anteil des ausgekoppelten Lichts durch das Aufbringen der NL-Deckschicht um den Faktor 1,65 erhöht.

In Abbildung 5.12 a) ist der spektrale Verlauf der Emission der top-emittierenden OLED mit und ohne NL-Deckschicht dargestellt. Durch die Verwendung der NL-Deckschicht ist die, für Auskopplungsschichten typische Verringerung der Halbwertsbreite des Emissionsspektrums der top-emittierenden OLED zu beobachten [173]. Eine Erhöhung der Effizienz bei einem Betrachtungswinkel von 0° kann durch eine Einengung der Abstrahlcharakteristik erfolgen. Bedingt durch die optischen Eigenschaften der Deckschicht und der Mikrokavitätseffekte innerhalb der top-emittierenden OLED wird die abgestrahlte Leistung (Radianz) bei einem Betrachtungswinkel von 0° erhöht, während sie für größere Betrachtungswinkel entsprechend verringert wird [133, 173, 174]. Die in den gesamten Halbraum abgestrahlte Leistung wäre somit bei der top-emittierenden OLED mit NL-Deckschicht nicht zwangsläufig größer als bei einer top-emittierenden OLED ohne NL-Deckschicht. Die in Abbildung 5.12 b) gezeigte simulierte und experimentell ermittelte winkelabhängige Verteilung der normierten Radianz in einem Winkelbereich von -90° bis 90° bestätigt eine stärkere Abnahme der Radianz mit zunehmendem Betrachtungswinkel der OLED mit NL-Deckschicht im Vergleich zu der OLED ohne NL-Deckschicht. Unabhängig von der Abstrahlcharakterisitik gibt die externe Quanteneffizienz η_{ext} Aufschluss über die in den gesamten Halbraum abgestrahlte

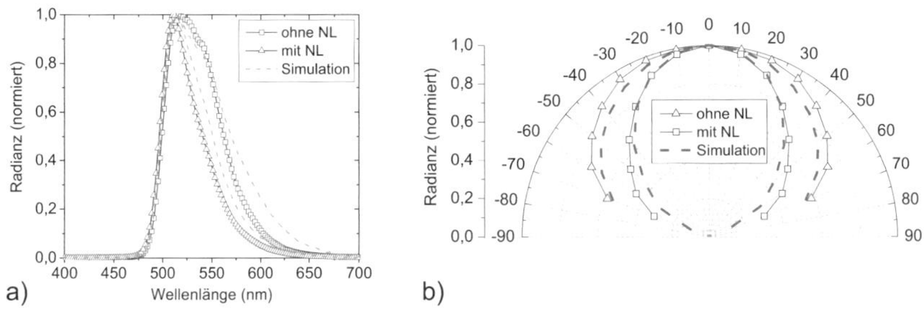

Abbildung 5.12: (a) Wellenlängenabhängige simulierte und experimentell ermittelte Emissionsspektren einer top-emittierenden OLED mit und ohne NL-Deckschicht bei einem Betrachtungswinkel von 0°. (b) Simulierte und experimentell ermittelte Radianz der top-emittierenden OLED mit und ohne NL-Deckschicht in Abhängigkeit des Betrachtungswinkels.

Leistung (vgl. Kapitel 2.2.5). Die stromdichteabhängige externe Quanteneffizienz der top-emittierenden OLEDs mit und ohne NL-Deckschicht, gemessen in einer Ulbrichtkugel, ist in Abbildung 5.13 dargestellt. Die Erhöhung der Quanteneffizienz durch die Verwendung einer NL-Deckschicht belegt, dass zusätzlich zur Fokussierung der Abstrahlcharakteristik eine effektive Erhöhung des ausgekoppelten Anteils des in der top-emittierenden OLED generierten Lichts um den Faktor 1,5 erfolgt ist. Die Integration der simulierten Radianzverteilung über einen Winkelbereich von -90° bis 90° und der anschließende Vergleich bestätigt dieses Ergebnis. Zudem werden aufgrund der Übereinstimmung der simulierten und der experimentell

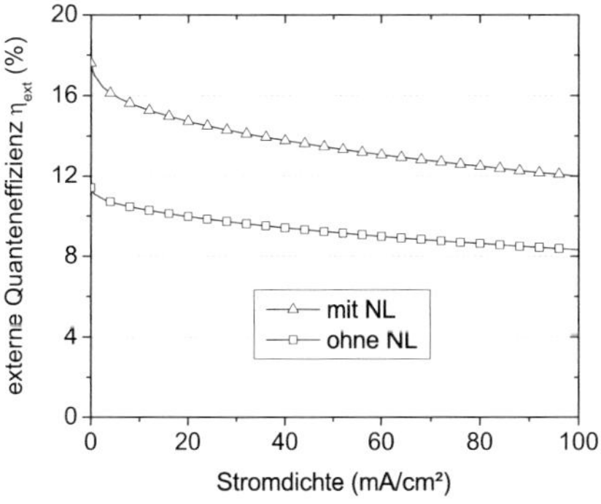

Abbildung 5.13: Externe Quanteneffizienz in Abhängigkeit der Stromdichte der top-emittierenden OLED ohne sowie mit NL-Deckschicht experimentell mit Hilfe einer Ulbrichtkugel ermittelt.

ermittelten Emissionsspektren sowie Abstrahlcharakteristika die in Kapitel 5.1.2 bestimmten optischen Parameter der semitransparenten Al-Elektrode für diese Anwendung bestätigt.

5.3 Oxidbasierte Elektroden auf OLEDs

Transparente leitfähige Oxide (engl. transparent conductive oxides, TCO), wie z.B. Indium-Zinn-Oxid (ITO) sind Halbleitermaterialien. Aufgrund ihrer großen Bandlücke von etwa 3 eV sind TCOs im sichtbaren Spektralbereich des Lichts transparent und werden daher bevorzugt als Elektrodenmaterialien für die Display-Technologie und für organische Bauelemente eingesetzt. TCOs werden bevorzugt mittels Kathodenzertäubung abgeschieden (vgl. Kapitel 3.2.2). Als Elektrodenmaterial für organische Bauelemente wird üblicherweise ITO verwendet [175]. Durch eine thermische Nachbehandlung bei etwa 400 °C erreichen ITO-Filme eine hohe Transmittanz von >90 % im sichtbaren Spektralbereich des Lichts sowie eine hohe spezifische Leitfähigkeit von >5000 S/cm [176, 177]. Während TCOs als Bottom-Elektrode etabliert sind, beinhaltet deren Verwendung als transparente Top-Elektrode hingegen im Wesentlichen zwei Herausforderungen.
Als erste Herausforderung ist der Depositionsprozess zu nennen. Die statistisch verteilte und vergleichsweise hohe Energie von 10 eV bis 100 eV der auftreffenden gesputterten Teilchen bei einer Leistungsdichte von 1 W/cm^2 [178] kann innerhalb der organischen Bauelemente Leckströme oder Kurzschlüsse des gesamten Bauteils hervorrufen [179, 180]. Aufgrung einer geringeren mechanischen Stabilität von ETL-Materialien im Vergleich zu HTL-Materialien werden transparente OLEDs in invertierter Bauweise realisiert [29]. Ein effektiver Schutz der organischen Materialien gegenüber dem Teilchenbombardement der Sputter-Deposition wird zusätzlich durch thermisch abgeschiedene Schichten basierend auf Übergangsmetalloxiden (transition metal oxide, TMO) wie z.B. Wolframoxid (WO_3) oder Molybdänoxid (MoO_3) erzielt [47]. Diese Schutzschichten verhindern zumindest für kleine aktive Flächen <4 mm^2 Schädigungen der organischen Bauelemente und ermöglichen zudem aufgrund ihres energetisch sehr tiefliegenden Leitungsbandes von etwa -5 eV bis -7 eV eine effiziente Lochinjektion in die organischen Schichten [8, 83]. Des Weiteren wird für den Sputter-Prozess die Verwendung geringer Prozessleistungsdichten von <0,5 W/cm^2 vorausgesetzt.
Die zweite Herausforderung basiert auf der Tatsache, dass TCOs, wie beispielsweise ITO, erst durch eine thermische Nachbehandlung ihre herausragenden optischen und elektrischen Eigenschaften erhalten. Dieser nachträgliche Temperprozess ist, aufgrund weitaus geringerer Glasübergangstemperaturen der organischen Materialien von (60 °C bis 150 °C) bei der Prozessierung einer Top-Elektrode nicht möglich. Eine hohe Leitfähigkeit der Elektroden ist jedoch gerade im Hinblick auf die Realisierung großflächiger Bauelemente elemen-

tar. Eine hohe Leitfähigkeit sowie schonende Depositionsbedingungen bieten Metalle wie z.B. Al und Ag. Bei einer relevanten Schichtdicke von 15 nm bis 30 nm (vgl. Kapitel 5.1) zeigen diese jedoch aufgrund der Absorption durch freier Ladungsträger nur eine geringe Transmittanz von <30 % im sichtbaren Spektralbereich des Lichts [181] und sind daher für transparente Bauelemente ungeeignet. Der reziproke Zusammenhang von Ladungsträgerdichte und Transmittanz hat auch für TCOs Gültigkeit. Für die Verwendung eines TCOs als Top-Elektrode muss folglich ein Kompromiss aus Transparenz, Leitfähigkeit und schonenden Prozessbedingungen gebildet werden. Die genannten Größen sind im Wesentlichen von den Prozessparametern des Sputterprozesses abhängig. Die Herausforderung der Deposition einer oxidbasierten Top-Elektrode sind grundlegend für eine Verwendung transparenter oxidischer Mitten-Elektroden in gestapelten separat ansteuerbaren OLED-Strukturen. Für die Gegenüberstellung der Depositionseinflüsse auf die elektrischen Eigenschaften einer OLED sind im Folgenden das bereits als Elektrodenmaterial etablierte ITO und alternativ dazu Zink-Zinn-Oxid (ZTO) gewählt worden. Zunächst wird der Einfluss der Prozessparameter Prozessdruck und Prozessleistung auf die elektrischen und optischen Eigenschaften der deponierten Schichten untersucht. Anschließend werden beide Materialien bezüglich ihrer Eignung für die Verwendung als transparente Top-Elektrode anhand „einfacher" opaker OLED-Strukturen miteinander verglichen und diskutiert.

5.3.1 Indium-Zinn-Oxid - ITO

Die Deposition der analysierten ITO-Schichten erfolgte aus einem keramischen Target mit einer für ITO bereits etablierten Zusammensetzung von 90 Gew.-% Indiumoxid (In_2O_3) und 10 Gew.-% Zinnoxid (SnO_2) mit einer Reinheit von 99,999 % [176]. Aus dem Targetdurchmesser von 10 cm ergibt sich eine Targetfläche von 78 cm^2. Die im folgenden Abschnitt angegebene Leistungsdichte ist die eingekoppelte RF-Leistung pro Targetfläche. Der Target-Substrat-Abstand wurde bei 60 mm konstant gehalten. Als Prozessgas wurde reines Argon (99,999 %) mit einem Gasfluss von 40 sccm verwendet. Die ITO-Schichten wurden auf Borofloat^{TM}-Glas abgeschieden. Um ein homogenes Schichtwachstum zu gewährleisten wurden die Substrate mit einer Winkelgeschwindigkeit von 17,1 min^{-1} über dem Target oszilliert. Für die Untersuchung des Einflusses der Prozessleistungsdichte auf die ITO-Schicht wurde ein Bereich von 0,1 W/cm^2 bis 1 W/cm^2 (RF) bei einem Prozessdruck von 5 μbar gewählt. Diese vergleichweise geringen Leistungsdichten liegen im Bereich dessen, was für eine Deposition von ITO auf einer OLED bereits gezeigt worden ist [8, 82, 83].

In Abbildung 5.14 a) ist die leistungsabhängige Depositionsrate r des ITOs dargestellt. Diese wächst demnach im gewählten Arbeitsbereich von 0,1 W/cm^2 bis 0,95 W/cm^2 linear mit der Prozessleistungsdichte P an:

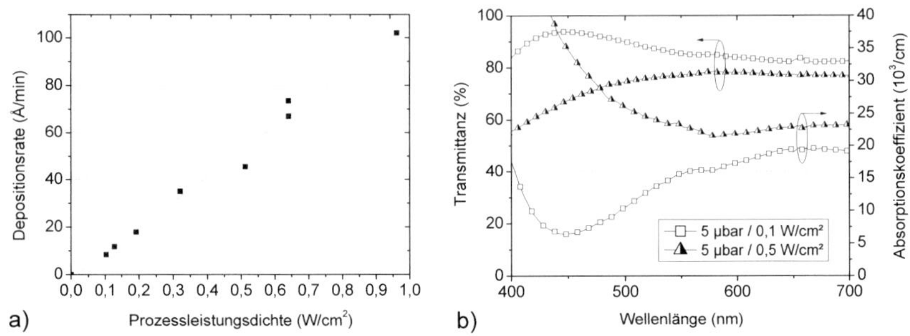

Abbildung 5.14: (a) Leistungsabhängige ITO-Depositionsrate und (b) wellenlängenabhängige Transmittanz bei Leistungsdichten von 0,1 W/cm^2 bzw. 0,5 W/cm^2 und einem Prozessdruck von 5 µbar.

$$r \propto P. \tag{5.5}$$

Dieser Zusammenhang lässt sich mit dem direkten Einfluss der Self-Bias-Spannung U_{SB} auf die kinetische Energie der Ar^+-Ionen im Kathodendunkelraum des Plasmas erklären (vgl. Kapitel 3.2.2). Um ein ITO-Partikel aus dem Target zu lösen, muss ihm durch Stoß mit einem Ar^+-Ion eine Energie zugeführt werden, die größer ist als seine Bindungsenergie im Festkörper. Wird U_{SB} und damit die kinetische Energie der Ionen darüber hinaus erhöht, kann sich die Stoßkaskade vergrößern, woraufhin sich mehrere ITO-Teilchen aus dem Target lösen. Das Resultat ist eine höhere Depositionsrate. In Abbildung 5.14 b) ist die Transmittanz zweier ITO-Filme mit einer Schichtdicke von 100 nm und variierter Prozessleistungsdichte dargestellt. Aufgrund der geringeren Ladungsträgerdichte des ITO von $<10^{21}$ cm^{-3} im Vergleich zu der Ladungsträgerdichte in Metallen von etwa 10^{22} cm^{-3} befindet sich die Plasmafrequenz (siehe Gleichung 5.1) im infraroten Spektralbereich bei einer Wellenlänge $>$1000 nm. Elektromagnetische Wellen unterhalb dieser Wellenlänge werden von den freien Elektronen nicht absorbiert. Daraus ergibt sich ein nahezu konstanter Verlauf der Transmission im sichtbaren Spektralbereich. Nach Abbildung 5.14 b) nimmt die Transmittanz mit zunehmender Leistungsdichte ab. Entsprechend nimmt die Absorption mit der Erhöhung der Prozessleistungsdichte zu. Dieser Zusammenhang läßt zunächst einen Anstieg der Ladungsträgerdichte mit zunehmender Prozessleistung vermuten. Bedingt durch die Absorption des transmittierten Lichts durch die zunehmende Anzahl freier Ladungsträger nimmt die Transmittanz ab [182]. Dieser Effekt ist auf die Erhöhung der Plasmafrequenz aufgrund zunehmender freier Ladungsträger zurückzuführen. Aus Abbildung 5.15 a) geht jedoch hervor, dass sich eine

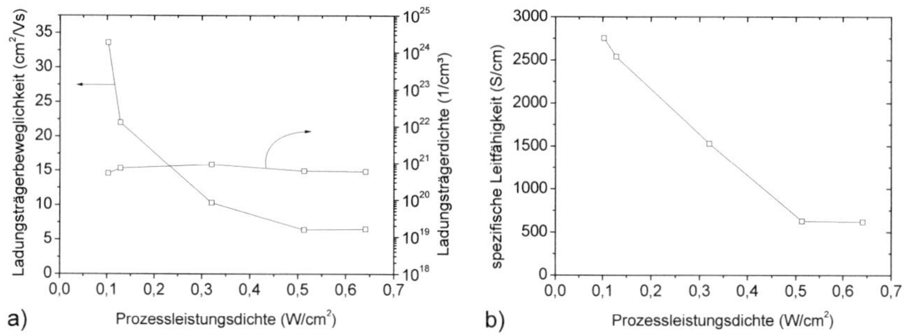

Abbildung 5.15: Ladungsträgerbeweglichkeit und Ladungsträgerdichte (a) sowie spezifische Leitfähigkeit (b) deponierter ITO-Schichten in Abhängigkeit von der Prozessleistungsdichte bei einem Prozessdruck von 5 µbar.

hohe konstante Ladungsträgerdichte von 10^{21} cm^{-3} in der deponierten ITO-Schicht einstellt. Die spezifische Leitfähigkeit (σ) berechnet sich aus der Ladungsträgerbeweglichkeit μ, der Ladungsträgerdichte n sowie der Elementarladung e und ist gegeben durch:

$$\sigma = e n_n \mu_n \tag{5.6}$$

Somit führt lediglich der exponentielle Abfall der Ladungsträgerbeweglichkeit von 35 cm^2/Vs auf 5 cm^2/Vs zu einer Verringerung der spezifischen Leitfähigkeit von 2700 S/cm auf 600 S/cm (siehe Abbildung 5.15 b)). Die maximale spezifische Leitfähigkeit von 2700 S/cm wird in dem gewählten Leistungsbereich bei einer Prozessleistungsdichte von 0,1 W/cm^2 und einem Prozessdruck von 5 µbar erreicht. Ein Erklärungsansatz für die Verringerung der spezifischen Leitfähigkeit und ebenso der Transmittanz bei konstanter Ladungsträgerkonzentration wird von Ishibashi et al. geliefert [183]. Demnach erfolgt bedingt durch hochenergetisches Teilchenbombardement eine Reduktion des In_2O_3 im ITO-Film zu InO. Für die Energie der in Richtung des Targets beschleunigten Ar^+-Ionen ergibt sich ein linearer Zusammenhang der Ladung der Teilchen q und U_{SB} in der Form:

$$E = qU_{SB}. \tag{5.7}$$

Die Self-Bias-Spannung ist ebenso proportional zur Prozessleistungsdichte. Aus der Energieverteilung der Ar^+-Ionen resultieren nach Bender et al. neben Ionen mit einer Energie entsprechend der Self-Bias-Spannung weitere Ar^+-Ionen mit wesentlich höheren Energien [178]. Die auf das Target auftreffenden Ar^+-Ionen geben ihre Energie an ITO-Partikel ab. Folglich beschleunigen mit zunehmender Leistung auch vermehrt energiereiche ITO-Partikel in Richtung Substrat. Diese Partikel bewirken in bereits auf dem Substrat kondensierten Filmlagen eine Dissoziation des Indiumoxids in der Form [183]:

$$In_2O_3 \rightarrow 2InO + O \tag{5.8}$$

Mit Zunahme der Leistungsdichte erhöht sich demnach der Anteil des InO-Suboxids im ITO-Film. Durch diese stöchiometrische Änderung des ITO wird bei konstanter Ladungsträgerdichte die Transmittanz sowie Ladungsträgerbeweglichkeit und somit die spezifische Leitfähigkeit der Schicht verringert.

5.3.2 Zink-Zinn-Oxid - ZTO

Im Gegensatz zum ITO, dessen Anwendung als transparente Top-Elektrode schon mehrfach gezeigt und untersucht wurde [8,47,83,184], ist Zink-Zinn-Oxid (ZTO) vor allem als Kanalmaterial für transparente oxidische Transistoren bekannt [185,186]. Für diese Anwendung wurde bevorzugt gepulste Laser Abscheidung (engl. pulsed laser deposition, PLD) zur Deposition des ZTO verwendet. Im Vergleich zu Zinkoxid, das schon während der PLD bei Raumtemperatur Kristallite bildet, zeichnet sich ZTO durch ein amorphes Schichtenwachstum aus. Diese Eigenschaft ist über einen großen Bereich der Prozessparameter der PLD gegeben [87,187]. Erst durch thermische Nachbehandlung des ZTO ($>$ 400 °C) bildet sich die kristalline Struktur Zn_2SnO_4 (Zinkstannat) aus [188]. In verschiedenen Studien wurde ein Zusammenhang zwischen Kristallisation einer gesputterten Top-Elektrode und der Leckstromdichte bzw. der Kurzschlusswahrscheinlichkeit der OLED nachgewiesen [179,180]. Für eine Verwendung als Top-Elektrode ist demnach das amorphe Schichtwachstum des ZTO vorteilhaft. Für gesputterte ZTO-Filme ohne zusätzliche thermische Behandlung konnten, abhängig von den Prozessparametern, Ladungsträgerdichten im Bereich von 10^{12} cm^{-3} bis 10^{19} cm^{-3} und Ladungsträgerbeweglichkeiten größer 10 cm^2/Vs gemessen werden [189].

Die Deposition der ZTO-Schichten erfolgte aus einem Target mit der Zusammensetzung 50 Atom-% Zinnoxid (SnO_2) und 50 Atom-% Zinkoxid (ZnO) mit einer Reinheit von 99,999 %. Mit dieser Materialzusammensetzung konnte für PLD-abgeschiedene ZTO-Filme eine maximale Ladungsträgerbeweglichkeit von 15 cm^2/Vs sowie ein amorphes Schichtwachstum gezeigt werden [87]. Als Substratmaterial wurde Borofloat^{TM}-Glas verwendet. Die elektrischen Eigenschaften wurden mittels Hall-Messungen nach einem Van-der-Pauw-Aufbau ermittelt. Für die Evaluation der in dieser Arbeit gesputterten ZTO-Filme wurde die Prozessleistungsdichte in einem Bereich von 0,1 W/cm^2 bis 0,5 W/cm^2 (RF) sowie der Prozessdruck in einem Bereich von 2 µbar bis 12 µbar variiert. Der Target-Substrat-Abstand wurde bei 70 mm konstant gehalten. Die Depositionsrate in Abhängigkeit der Leistungsdichte für einen Prozessdruck von 12 µbar ist in Abbildung 5.16 a) dargestellt. Analog zur ITO-Abscheidung steht auch bei der ZTO-Deposition die Abscheiderate mit der Prozessleistungsdichte in einem linearen Zusammenhang (vgl. Kapitel 5.3.1). Bei einer Leistungsdichte von 0,4 W/cm^2 wird demnach eine Depositionsrate von 25 Å/min erreicht. Abbildung 5.16 b) zeigt das Transmittanzspektrum (T_{VIS}) zweier ZTO-Filme mit einer Schichtdicke von 30 nm, die mit Leistungsdichten von 0,15 W/cm^2 sowie 0,2 W/cm^2 (RF) und einem Prozessdruck von 12 µbar deponiert wurden. Vergleichbar zu ITO zeigen beide Verläufe eine hohe Transmittanz im gesamten sichtbaren Spektralbereich. Die maximale Transmittanz von 88 % konnte bei einer Leistungsdichte von 0,15 W/cm^2 erzielt werden. Vergleichbar zur ITO-Deposition wird mit zunehmender Leistung die Transmittanz im gesamten Spektrum verringert (vgl. Kapitel 5.3.1). Im Gegensatz zu den in Kapitel 5.3.1 diskutierten ITO-Filmen, ist bei den ZTO-Schichten die Verringerung der Transmittanz auf einen Anstieg der Ladungsträgerdichte, dargestellt in Abbildung 5.17 a), und der damit verbundenen Absorption durch freie Ladungsträger zurückzuführen. Analog zu ITO zeigt ZTO einen n-leitenden Charakter. Das Maximum der Ladungsträgerdichte von $2 \cdot 10^{18}$ cm^{-3} wird demnach bei einer Leistungsdichte von 0,2 W/cm^2 und einem Prozessdruck von 12 µbar erreicht. Für einen geringeren Prozessdruck von 7 µbar ist dieses Maximum zu einer höheren Leistungsdichte verschoben (vgl. Abbildung 5.17 a)). Die Ausbildung dieser Maxima ist auf einen spezifischen Sauer-

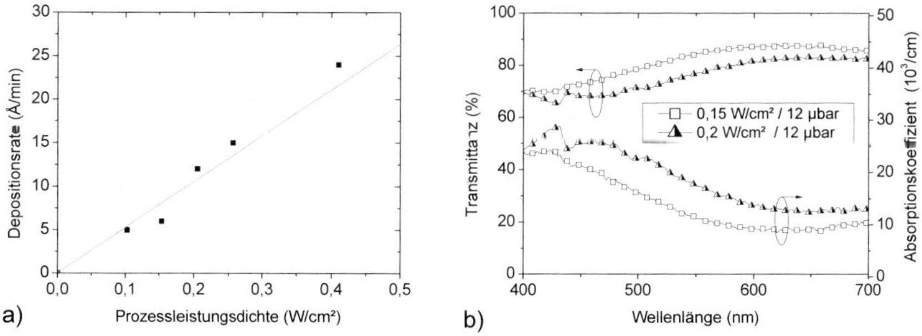

Abbildung 5.16: (a) Leistungsabhängige Depositionsrate von ZTO bei einem Prozessdruck von 12 µbar.(b) Wellenlängenabhängige Transmittanz für Leistungsdichten von 0,15 W/cm^2 bzw. 0,2 W/cm^2 bei einem Prozessdruck von 12 µbar.

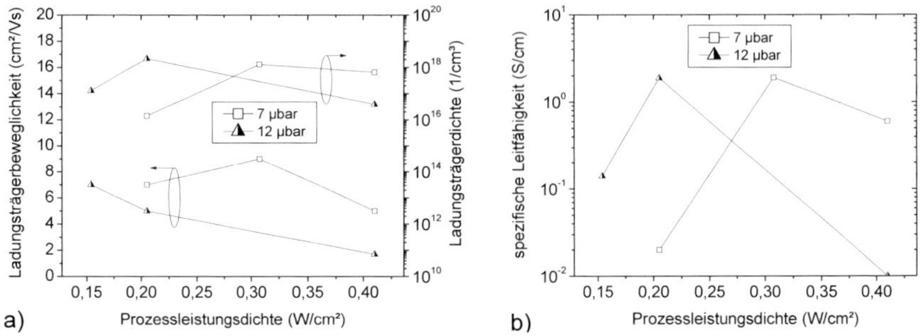

Abbildung 5.17: Ladungsträgerbeweglichkeit und Ladungsträgerdichte (a) sowie spezifische Leitfähigkeit (b) deponierter ZTO Schichten als Funktion der Prozessleistungsdichte bei einem Prozessdruck von 7 µbar bzw. 12 µbar.

stoffanteil im ZTO zurückzuführen. Mit zunehmender Prozessleistung wird, vergleichbar zur ITO-Deposition, mehr Sauerstoff in die ZTO-Schicht eingebaut [84]. Ab einer Leistungsdichte von 0,2 W/cm^2 (12 µbar) bzw. 0,3 W/cm^2 (7 µbar) führt eine Überoxidation zu einer Verringerung an Sauerstofffehlstellen und somit zu einer Verringerung der Ladungsträgerdichte [189]. Entsprechend steigt die Transmission ab dieser Leistungsdichte wieder an. Entsprechend des Zusammenhangs von Ladungsträgerbeweglichkeit und Ladungsträgerdichte ergibt sich aus Gleichung 5.6 die in Abbildung 5.17 b) dargestellte spezifische Leitfähigkeit. Analog zum Verlauf der Ladungsträgerdichten stellt sich eine maximale spezifische Leitfähigkeit von 2 S/cm bei einer Prozessleistungsdichte von 0,2 W/cm^2 (12 µbar) bzw. 0,3 W/cm^2 (7 µbar) ein. Die im Vergleich zu ITO etwa um drei Größenordnungen geringere spezifische Leitfähigkeit der ZTO-Schicht ist auf den Unterschied der Ladungsträgerdichten von ebenfalls drei Größenordnungen zurückzuführen [189].

5.3.3 ZTO- und ITO-Deposition auf OLED-Strukturen

Für einen Vergleich der TCOs bezüglich ihrer Eignung als transparente Top-Elektroden für OLED-Strukturen werden im Folgenden die Auswirkungen der Deposition beider Materialien auf darunterliegende organische Schichten diskutiert. Zu diesem Zweck wurden ITO bzw. ZTO auf identische OLED-Strukturen aufgebracht. Der detaillierte Schichtstapel der verwendeten OLED-Struktur ist in Abbildung 5.18 dargestellt. Als Teststruktur wurde eine für transparente OLEDs typische invertierte OLED-Struktur verwendet [47]. Die Elektroneninjektion aus der substratseitigen ITO-Elektrode erfolgt durch eine IL/ETL bestehend aus

BPhen:Cs_2CO_3 (40 nm) mit einer Cs_2CO_3 Dotierung von etwa 3 Gew.-%. Die folgende HBL besteht aus 5 nm intrinsischem TPBi. Als EL wurde eine mit $Ir(ppy)_3$ (5 wt.%) dotierter TPBi-Film der Schichtdicke 15 nm abgeschieden. Die EBL besteht aus 30 nm TCTA und dient gleichzeitig als HTL. Zum Schutz der organischen Schichten vor den Einflüssen der Sputterdeposition wurde anschließend MoO_3 (60 nm) aufgetragen. Dieses Schutzschichtkonzept auf Basis von TMOs gewährleistet zusätzlich eine effektive Injektion positiver Ladungsträger in die HTL (siehe auch Kapitel 5.5) [47]. Für die Untersuchungen der Einflüsse der Materialdeposition wurden daraufhin ITO- bzw. ZTO-Filme (20 nm) mit variierten Prozessparametern abgeschieden. Zunächst wurden diese Bauelemente nicht transparent ausgeführt. Eine Deckelektrode bestehend aus opakem Al (100 nm) gewährleistet identische Zuleitungswiderstände und somit vergleichbare IV-Charakteristika der Bauelemente. Anhand von Kelvin-Probe-Messungen wurde die Austrittsarbeit von ZTO auf -4,3 eV bestimmt [190] und ist damit um etwa 0,5 eV größer als die Austrittsarbeit von ITO (-4,7 eV bis -5 eV). Aus dieser Differenz ergibt sich eine minimale Variation der Einsetzspannung von ebenfalls etwa 0,5 V. Die Auswertung der Ergebnisse erfolgt durch die Betrachtung des Leckstroms bei einer Betriebspannung U_B von 2 V unterhalb der Einsetzspannung U_E von etwa 3 V. Eine zunehmende Schädigung der OLED durch hochenergetische Teilchen wirkt sich in diesem Bereich durch die Ausbildung von leitfähigen Pfaden und somit einer Erhöhung des Leckstroms aus [8, 179, 180]. Abbildung 5.18 a) zeigt die Leckstromdichte in Abhängigkeit der Prozessleistung bei einem Prozessdruck von 7 µbar für ITO- bzw. ZTO-beschichtete OLEDs. Die Leckstromdichte wurde anhand des arithmetischen Mittelwerts von drei identisch hergestell-

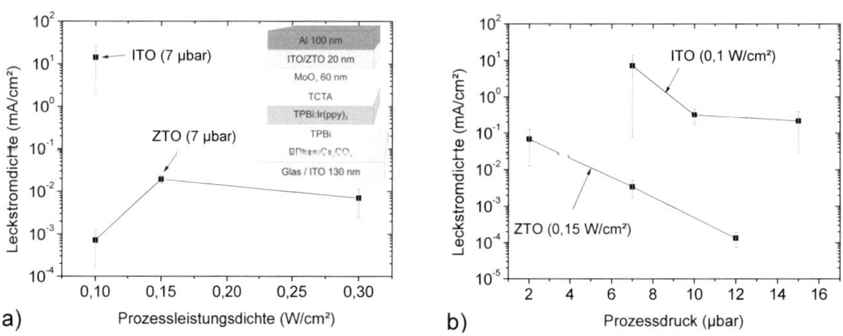

Abbildung 5.18: Leckstromdichte als Funktion der Prozessleistungsdichte (a) und des Prozessdrucks (b) einer als Top-Elektrode deponierten ZTO-Schicht im Vergleich zu einer ITO-Schicht. In Abbildung a): Schichtstapel der invertierten OLED-Struktur.

ten OLEDs bestimmt. Um die Reproduzierbarkeit der Ergebnisse zu veranschaulichen, wurde die Standardabweichung für jeden Mittelwert hinzugefügt.

Bei der ZTO-Deposition ergibt sich eine maximale Leckstromdichte von $2 \cdot 10^{-2}$ mA/cm^2 bei einer Leistungsdichte von 0,15 W/cm^2, die zu größeren und geringeren Leistungsdichten abfällt. Dies ist mit einem optimalen Verhältnis von Dauer und Leistungsdichte des Depositionsprozesses zu begründen. Bei kurzen Prozesszeiten, bedingt durch eine hohe Depositionsrate ist die Wahrscheinlichkeit einer Penetration der OLED durch hochenergetische ZTO-Teilchen geringer. Aufgrund des mit zunehmender Leistung ansteigenden Anteils hochenergetischer ZTO-Partikel ist jedoch zu erwarten, dass sich dieser Trend bei weiterer Erhöhung der Prozessleistungsdichte umkehrt. Bei einer Leistungsdichte von 0,15 W/cm^2 zeigt die ITO-OLED im Vergleich zur ZTO-OLED einen um etwa drei Größenordnungen höheren Leckstrom von $1{,}5 \cdot 10^1$ mA/cm^2. Die Variation des Prozessdrucks in Abbildung 5.18 b) bei Leistungsdichten von 0,15 W/cm^2 (ZTO) und 0,1 W/cm^2 (ITO) zeigt in dem gewählten Prozessbereich von 2 µbar bis 15 µbar ebenfalls eine Differenz der Leckstromdichte von mindestens 3 Größenordnungen. Allgemein ist jedoch eine drastische Verringerung der Leckstromdichte durch die Erhöhung des Prozessdrucks der ITO- bzw. ZTO-Deposition festzustellen. Durch einen höheren Prozessdruck wird die Stoßwahrscheinlichkeit der ITO/ZTO-Teilchen mit Ar^+-Ionen und Neutralgasteilchen erhöht und somit ihre kinetischen Energie verringert. Damit nimmt auch der Anteil hochenergetischer Partikel, die in der OLED zu einer Schädigung führen können ab. Mit der ZTO-Deposition wird eine minimale Leckstromdichte von $1 \cdot 10^{-4}$ mA/cm^2 erzielt. Dieser Wert ist vergleichbar mit dem einer konventionell hergestellten OLED mit einer thermisch aufgedampften Al-Elektrode. Aus Sicht der Materialdeposition und der daraus resultierenden Schädigungsmechanismen bezüglich organischer Bauelemente ist folglich ZTO gegenüber dem ITO vorzuziehen. Die geringste Schädigung der organischen Schichten wird demnach mit einer ZTO-Schicht mit einer Schichtdicke von 20 nm bei einer Prozessleistung von 0,2 W/cm^2 und einem Prozessdruck von 12 µbar erzielt. Als Ursache für den signifikant größeren Leckstrom der ITO-OLED im Vergleich zur ZTO-OLED sind zwei mögliche Effekte zu nennen.

Zunächst bietet das unterschiedliche Filmwachstum der Materialien einen Erklärungsansatz. Im Gegensatz zum amorphen ZTO [187] neigt ITO abhängig von den Depositionsparametern zur Ausbildung von Kristalliten. Aus verschiedenen Studien geht hervor, dass die Kristallisation gesputterter Al-Schichten als Kathode auf einer OLED mit der Leckstromdichte der OLED korreliert [180, 191]. Demnach definiert die Größe der Kristallite in der Schicht im Wesentlichen die Dimensionen und somit den Widerstand der Leckstrompfade. Einen Zusammenhang von Leckstromdichte und Kristallisation einer ITO-Schicht als Kathode auf einer top-emittierenden OLED wurde erstmals von Kim et al. vorgestellt [179].

Als zweiter Effekt ist die signifikant geringere spezifische Leitfähigkeit der deponierten ZTO-Schicht von 2 S/cm im Vergleich zur ITO-Schicht von 2700 S/cm zu nennen. Die Differenz der Leckstromdichte von drei Größenordnungen entspricht demnach der Differenz der spezifischen Leitfähigkeit. Es ist somit denkbar, dass eine Penetration der OLED durch Partikel in beiden Fällen gegeben ist, diese sich aber, aufgrund der geringen Leitfähigkeit des ZTO, nur geringfügig auf den Leckstrom auswirkt. Die im Vergleich zu ITO (2700 S/cm) geringere Leitfähigkeit des ZTO (2 S/cm) ist jedoch gleichzeitig der größte Nachteil hinsichtlich einer Verwendung als Top-Elektrode. Für eine homogene Stromverteilung auf der aktiven Fläche ist ein geringer Bahnwiderstand und somit eine hohe spezifische Leitfähigkeit der Kontaktschichten vorteilhaft. Eine Möglichkeit, die geringe Leitfähigkeit von ZTO zu umgehen und dennoch seine herausragenden Transmissions- und Depositionseigenschaften nutzen zu können, wird im Folgenden Abschnitt vorgestellt.

5.4 Mehrschicht-Elektroden auf ZTO-Silber Basis - ZAZ

Für eine ideale transparente Elektrode wäre die Kombination der elektrischen Eigenschaften von Metallen und der exzellenten optischen Eigenschaften von TCOs wünschenswert. Die sogenannten low-e-Beschichtungen (engl. low-emissivity coating, low-e-coating) bestehen aus einer dünnen Metallschicht eingebettet in zwei TCO-Schichten. Aufgrund einer hohen Transmittanz von >80 % im sichtbaren Spektralbereich sowie einer hohen Reflektivität im infraroten Spektralbereich des Lichts werden diese Mehrschicht-Strukturen zur Wärmeisolierung von Fensterscheiben verwendet [192]. Neben einer hohen Transmittanz zeigen diese bei Raumtemperatur deponierten Schichtsysteme aufgrund der metallischen Zwischenschicht zugleich eine hohe Leitfähigkeit. Während ITO-Filme einen Schichtwiderstand (R_S) von 13 Ω/sq und eine Transmittanz von 90 % erst nach thermischer Nachbehandlung bei 350 °C erreichen [176], konnten für verschiedene TCO/Metall/TCO-Systeme vergleichbare Werte auch ohne thermischen Einfluss gezeigt werden [10, 193–195]. Für die Realisierung einer Sandwich-Struktur als Top-Elektrode auf einer OLED muss das umgebende TCO zwei wesentliche Anforderungen erfüllen. Zunächst setzt eine hohe Transmittanz ein geeignetes Zusammenspiel der Brechungsindizes von Metall und TCO voraus. Entsprechend werden vorwiegend TCOs mit einem hohen Brechungsindex von >1,5 verwendet [10, 193–195]. Zweitens muss eine schadfreie Sputter-Deposition des TCOs auf den organischen Schichten gewährleistet sein. Wie in Kapitel 5.3.2 ausführlich beschrieben, werden die genannten Anforderungen von ZTO erfüllt. Dünne Ag-Filme weisen im Vergleich zu Al-Filmen gleicher Schichtdicke eine höhere Leitfähigkeit sowie eine höhere Transmittanz im sichbaren Spektralbereich auf (vgl.

Kapitel 5). Im folgenden Abschnitt werden daher die elektrischen, strukturellen sowie optischen Eigenschaften einer ZTO/Ag/ZTO (ZAZ) Sandwich-Struktur detailliert untersucht.

5.4.1 Elektrische Eigenschaften der ZAZ-Elektrode

Die elektrischen Eigenschaften der ZAZ-Struktur wurden anhand der Messung des Schichtwiderstands R_S an ZAZ-Schichten mit variierter Ag bzw. ZTO Schichtdicke untersucht. Die in der ZAZ-Struktur verwendeten ZTO-Filme wurden mit den in Kapitel 5.3.2 optimierten Prozessparametern zur schonenden Deposition auf organischen Materialien hergestellt. Unter den beschriebenen Prozessbedingungen ergibt sich für ZTO eine Ladungsträgerdichte von 10^{17}cm^{-3} und eine Ladungsträgerbeweglichkeit von 6 cm^2/Vs. Daraus resultiert eine spezifische Leitfähigkeit von 0,02 S/cm. Die Ag-Schicht zwischen den ZTO-Filmen wurde mittels thermischer Evaporation aufgetragen. Der Einfluss des Ag-Films auf den Schichtwiderstand R_S der ZAZ-Struktur wurde durch Variation der Ag-Schichtdicke von 4 nm bis 10 nm untersucht. Die Schichtdicke der umgebenden ZTO-Schichten wurde zunächst bei 39 nm konstant gehalten. Abbildung 5.19 zeigt die exponentielle Abnahme von R_S von 250 Ω/sq auf 5 Ω/sq mit steigender Ag-Schichtdicke. Die kritische Schichtdicke (engl. percolation threshold) [181], ab der sich ein geschlossener Ag-Film ausbildet, ist zu Beginn des Sättigungsbereichs des Schichtwiderstands bei 6 nm auszumachen. Von Arbab et al. wurde für auf Zinkstannat gesputterte Ag-Filme ebenfalls eine kritische Ag-Schichtdicke von 5 nm bis 6 nm gezeigt [196]. Ab dieser Schichtdicke wird die Leitfähigkeit durch ein dichtes Perkolationsnetzwerk zwischen den Ag-Agglomeraten (Inseln) bestimmt. Unterhalb von 6 nm werden die Lücken zwischen den Inseln größer. Die entstandenen Freiräume werden mit ZTO aufgefüllt. Aufgrund der elektronischen Struktur von Ag und ZTO führt ein Transfer von Elektronen von Ag in ZTO zu einer elektronischen Dotierung des angrenzenden ZTOs [197], was einen nahezu ohmschen

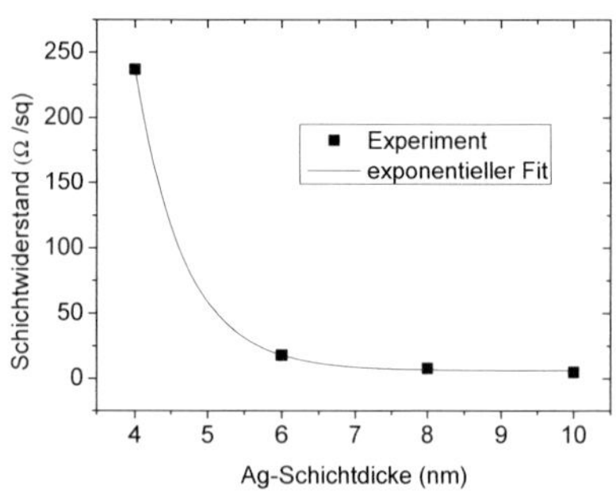

Abbildung 5.19: Schichtwiderstand und dessen exponentielle Fit-Funktion einer ZAZ-Struktur in Abhängigkeit der Schichtdicke des Ag-Films. Die Schichtdicken der umliegenden ZTO-Schichten betragen 39 nm.

Kontakt zwischen beiden Materialien zur Folge hat. Die Leitfähigkeit und somit R_S wird in diesem Stadium maßgeblich durch die mit ZTO aufgefüllten Ag-Zwischenräume bestimmt und steigt somit abhängig von der Größe der Lücken an. Weiterführende Untersuchungen haben in Übereinstimmung mit verschiedenen Publikationen zu TCO/Metall/TCO-Systemen ergeben, dass die Variation der ZTO-Schichtdicke keinen Einfluss auf den Schichtwiderstand der ZAZ-Struktur hat [198, 199].

5.4.2 Struktur und Morphologie der ZAZ-Elektrode

Die strukturellen Eigenschaften der ZAZ-Struktur wurden mit Hilfe von Transmissions-Elektronen-Mikroskopie (engl. transmission electron microscopy, TEM) und Sekundär-Ionen-Massen-Spektrometrie (engl. secondary ion mass spectroscopy, SIMS) analysiert. Die Beschleunigungsspannung des TEM-Aufbaus zur Abbildung der Schichtstruktur betrug 200 kV. Das SIMS-Spektrum wurde mit einer Ionenenergie von 500 eV mit Cs^+-Ionen aufgenommen. Als Substratmaterial für die untersuchten Schichtsysteme wurde Si mit einer nativen SiO_2-Schichtdicke von 1,5 nm verwendet.

In Abbildung 5.20 a) ist der TEM-Querschnitt der ZAZ-Struktur und zusätzlich eine Vergrößerung der ZTO/Ag Grenzfläche dargestellt. Aus den TEM-Untersuchungen lässt sich

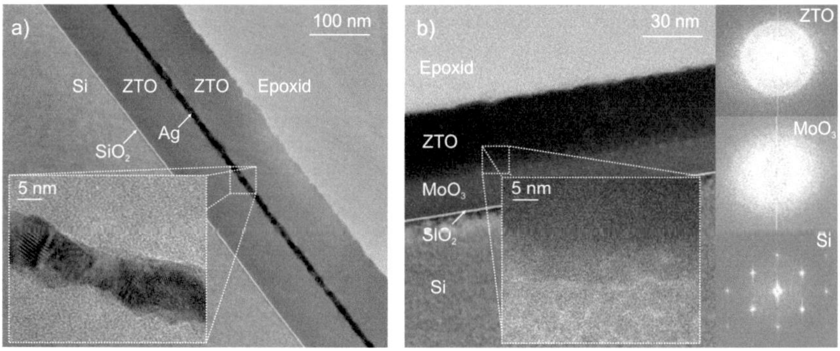

Abbildung 5.20: Querschnitt-TEM-Aufnahme (a) einer ZTO/Ag/ZTO (60 nm/6 nm/60 nm) -Struktur mit vergrößert dargestellter Ag-Schicht und (b) einer auf MoO_3 (20 nm) abgeschiedenen ZTO-Schicht (30 nm) mit FFT-Aufnahmen (engl. fast fourier transformation, FFT) von Si, MoO_3 und ZTO. Vergrößert dargestellt ist die Grenzschicht zwischen MoO_3 und ZTO.

eine Oberflächenrauheit des ZAZ-Sandwich von 2 nm bis 3 nm abschätzen. Dieses Ergebnis wurde anhand einer Raster-Kraft-Mikroskopie-Messung (engl. atomic force microscopy, AFM) bestätigt [190]. Des Weiteren zeigt die Vergrößerung der Grenzflächen in Abbildung 5.20 a) keine Vermischung von Ag und ZTO an der Grenzfläche sondern einen abrupten Übergang zwischen beiden Materialien. Sahu et al. berichten bei gesputterten Ag-Filmen von einer ausgeprägten Diffusion von Ag-Atomen in das darunterliegende ZnO [200]. Dieser Effekt ist bei thermisch deponierten Ag-Filmen offensichtlich nicht zu beobachten. Des Weiteren ist der Ag-Film eindeutig geschlossen, weist aber Schwankungen der Schichtdicke im Bereich von 6 nm bis 11 nm auf. Im Gegensatz zu der ausgeprägten polykristallinen Struktur der Ag-Schicht, ist bei ZTO erwartungsgemäß eine amorphe Struktur erkennbar. In Abbildung 5.20 b) ist der anwendungsrelevate Schichtstapel eines ZTO-Films auf einer MoO_3-Schutzschicht dargestellt. Ebenfalls in Abbildung 5.20 b) wird das vollkommen amorphe Schichtwachstum des ZTO auf dem ebenfalls amorphen MoO_3 im Vergleich zum kristallinen Si anhand der Darstellung von FFT-Aufnahmen (engl. fast fourier transformation, FFT) der einzelnen Schichten bestätigt. Im Gegensatz zur ZTO/Ag-Grenzfläche zeigt die MoO_3/ZTO-Grenzfläche allerdings keinen abrupten Übergang, was auf eine Vermischung von MoO_3 und ZTO aufgrund der hohen Energie der gesputterten ZTO-Partikel hinweist. Dieses Ergebnis belegt die Notwendigkeit der Verwendung einer Puffer-Schicht zum Schutz der organischen Schichten vor Sputter-Schädigungen [8,82,83]. Die SIMS-Analyse einer ZAZ-Struktur in Abbildung 5.21 belegt in Übereinstimmung mit der TEM-Aufnahme (Abbildung 5.20) eindeutig, dass im Falle einer thermisch deponierten Ag-Schicht keine signifikante Diffusion von Ag-Atomen in die umgebenden ZTO-Schichten erfolgt. Die aus Abbildung 5.20 und 5.21 gesammelten Erkenntnisse lassen annehmen, dass die Leitfähigkeit der ZAZ-Elektrode, ab einer Ag-Schichtdicke von 6 nm, ausschließlich durch den kontinuierlichen Ag-Film bestimmt wird. Abbildung 5.22 a) zeigt die Querschnitt-TEM Aufnahme eines Ag-Films mit

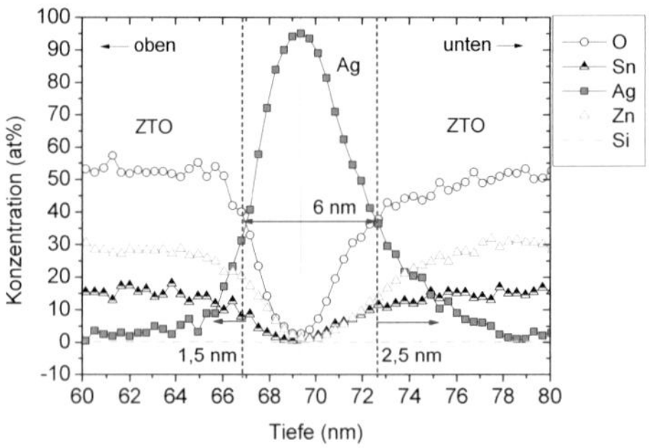

Abbildung 5.21: SIMS-Messung einer ZAZ-Struktur abgeschieden auf Si. Nominelle Schichtdicken sind 60 nm für ZTO bzw. 6 nm für Ag. Der Abtrag der Materialien erfolgte von oben.

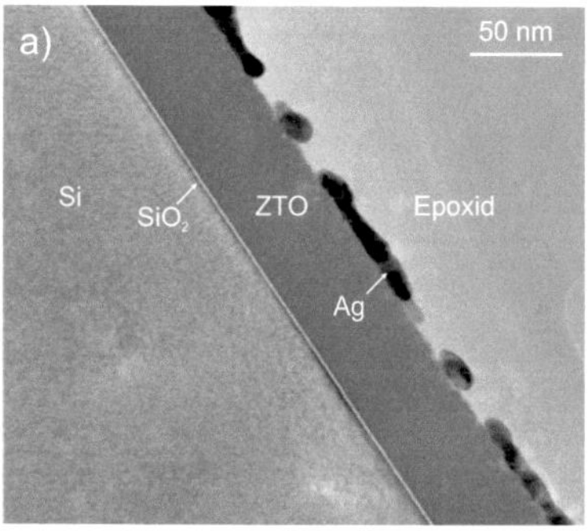

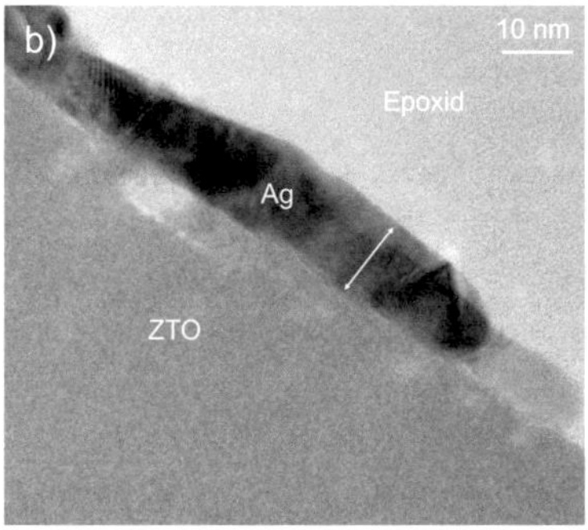

Abbildung 5.22: (a) Querschnitt-TEM-Aufnahme einer ZTO/Ag-Struktur (ZA) abgeschieden auf Si nach einer Lagerung von 500 h an Luft. (b) Vergrößerung einer Ag-Insel. Nominelle Schichtdicken des Films 6 nm (Ag) und 60 nm (ZTO).

einer Schichtdicke von ebenfalls 6 nm auf ZTO (ZA) ohne abschließende ZTO-Schicht nach Lagerung an Luft für 500 h. Im Gegensatz zur ZAZ-Struktur (vgl. Abbildung 5.20) sind bei der ZA-Struktur eindeutig separierte Ag-Inseln erkennbar. Aufgrund dieser Beobachtung kann die Ursache für einen geschlossenen Ag-Film innerhalb der ZAZ-Struktur nicht eindeutig benannt werden. Zum einen könnten bereits nach der Deposition vorhandene Ag-Agglomerate durch den nachfolgenden ZTO-Sputter-Prozess eingeebnet worden sein [201]. Zum anderen könnte eine nachträgliche Ag-Diffusion zur Formierung von Ag-Inseln führen. Die Vergrößerung der TEM-Aufnahme des Ag-Films in Abbildung 5.22 b) zeigt eine Ag-Insel mit einer maximalen Schichtdicke von 13 nm, was etwa dem Doppelten der nominell deponierten Schichtdicke von 6 nm entspricht.

Aus zeitabhängigen Widerstandsmessungen, dargestellt in Tabelle 5.1 a) geht hervor, dass der Schichtwiderstand R_S der ZAZ-Elektrode von 11 Ω/sq über einen Zeitraum von 480 h konstant bleibt. Die ZA-Struktur hingegen zeigt ein Ansteigen des Schichtwiderstands R_S um etwa drei Größenordnungen von ebenfalls 11 Ω/sq auf 20 kΩ/sq. Da diese Messungen in N_2-Atmosphäre durchgeführt wurden, ist eine Oxidation der Ag-Schicht auszuschließen [202]. Folglich ist die Inselbildung auf eine nachträgliche Diffusion der Ag-Atome auf der ZTO-Oberfläche zurückzuführen. Dieser Prozess wird durch das Aufbringen einer ZTO-Deckschicht unterdrückt. Darüber hinaus lassen die vergleichbaren Startwerte der ZAZ- und der ZA-Struktur auf keinen signifikanten Einfluss der ZTO-Deposition auf die Struktur des darunterliegenden Ag-Films schließen. Die Einebnung bereits nach der Deposition vorhandener Ag-Inseln kann somit ausgeschlossen werden.

Tabelle 5.1: Zeitabhängige Messung des Schichtwiderstands verschiedener Mehrschicht-Strukturen(ZTO/Ag (ZA), ZTO/Ag/ZTO (ZAZ), MoO_3/Ag/MoO_3 (MAM), MoO_3/Ag/ZTO (MAZ)) in N_2-Atmosphäre. Die Schichtdicke der einzelnen Filme beträgt 6 nm (Ag), 10 nm (ZTO), 20 nm (MoO_3).

Schichtstruktur	ZA		ZAZ		MAM		MAZ	
Zeit (h)	0	480	0	480	0	432	0	432
R_S (Ω/sq)	12,2	20K	11,7	10,9	580	550	150	138

Die in Abbildung 5.23 dargestellte AFM-Messung einer ZA-Struktur über einen Zeitraum von 14 h veranschaulicht die zeitliche Änderung der Morphologie der Ag-Schicht. Bereits innerhalb von 14 h haben sich in den Bereichen 1 und 2 sichtbare Schichtverjüngungen ausgebildet, an denen der Film bei voranschreitender Diffusion schließlich abreißt. Diese Diffusion des Silbers entlang der ZTO-Oberfläche wird offensichtlich effektiv durch die Aufbringung einer zweiten ZTO-Schicht unterdrückt. Das Ersetzen der beiden gesputterten ZTO-Schichten durch MoO_3 führt zu einer signifikanten Erhöhung des Schichtwiderstands der MoO_3/Ag/MoO_3-Struktur (MAM) auf 580 Ω/sq (vgl. Tabelle 5.1). Wird die abdeckende MoO_3-Schicht wiederum durch ZTO ersetzt (MAZ), ergibt sich ein etwas geringerer R_S, von 150 Ω/sq. Diese Verringerung des Schichtwiderstands der MAZ- im Vergleich zur MAM-Struktur ist auf den bereits in Kapitel 5.4.2 diskutierten Ladungstransfer zurückzufüh-

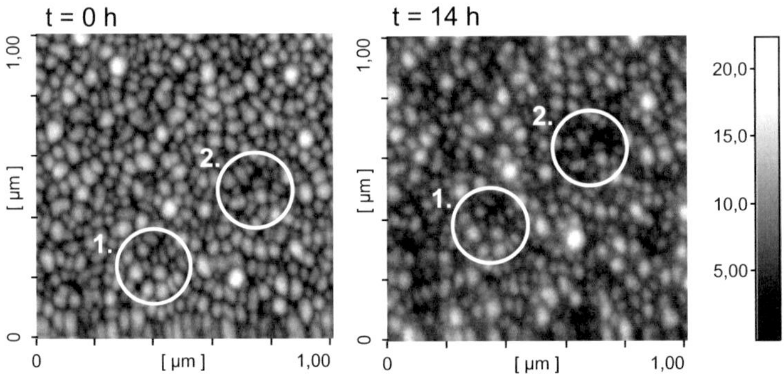

Abbildung 5.23: AFM-Aufnahme einer Ag-Schicht (6 nm), abgeschieden auf ZTO (ZA), direkt nach der Deposition und nach 14 h Lagerung an Luft.

ren [197]. Dieser Ladungstransfer erfolgt offensichtlich effizienter an der Ag/ZTO-Grenzfläche im Vergleich zur Ag/MoO_3-Grenzfläche. Aus den Ergebnissen der Widerstandsmessungen, dargestellt in Tabelle 5.2, geht hervor, dass eine MoO_3/Ag-Struktur (MA) erst ab einer Ag-Schichtdicke von 10 nm einen, zu einer ZA-Struktur mit einer Ag-Schichtdicken von 6 nm vergleichbaren, R_S erreicht. Ab einer Ag-Schichtdicke von 12 nm ist, über einen Zeitraum von 192 h, die Widerstandsänderung und somit der Einfluss der Ag-Diffusion auf R_S zu vernachlässigen.

Tabelle 5.2: Zeitabhängige Messung des Schichtwiderstands verschiedener MA-Strukturen. Die Schichtdicke der Ag-Filme beträgt 6 nm, 8 nm, 10 nm und 12 nm.

MoO_3Ag (x) nm	**Ag (6)**		**Ag (8)**		**Ag (10)**		**Ag (12)**	
Zeit (h)	0	192	0	192	0	192	0	192
R_S (Ω/sq)	170M	-	22	39,2	2,5	2,8	1,6	1,6

5.4.3 Optische Parameter der ZAZ-Elektrode

Das Transmittanz-Spektrum eines reinen Ag-Films der Schichtdicke 12 nm, eines reinen ZTO-Films der Schichtdicke 60 nm und einer ZAZ-Mehrschicht-Struktur der Schichtdicke 20/8/40 nm abgeschieden auf Borofloat^{TM}-Glas ist in Abbildung 5.24 a) dargestellt. Als Vergleich dient das Transmittanz-Spektrum einer unter schonenden Prozessbedingungen abgeschiedenen ITO-Schicht der Schichtdicke 60 nm ohne thermische Nachbehandlung. [83]. Bedingt durch eine hohe Reflektion sowie Absorptionsverlusten im sichtbaren Spektralbereich zeigt der reine Ag-Film eine geringe Transmittanz (T_{VIS}) von etwa 25 %. Ein Ag-Film mit einer Schichtdicke von 8 nm eingebettet in zwei ZTO-Schichten der Schichtdicke 20 nm und 40 nm erreicht hingegen eine signifikant höhere T_{VIS} von etwa 83 % und ist somit vergleichbar zum Transmittanz-Verlauf der ITO-Schicht. Interessanterweise zeigt die ZAZ-Struktur ebenso eine höhere maximale Transmittanz als der reine ZTO-Film. In Abbildung 5.24 b) ist die spektrale Verschiebung der Transmissionsmaxima in Abhängigkeit von der Schichtdicke der ZTO-Deckschicht dargestellt. Mit zunehmender ZTO-Schichtdicke ist demnach eine Verschiebung der Maxima zu größeren Wellenlängen zu beobachten. Für eine genaue Analyse der beschriebenen optischen Eigenschaften der ZAZ-Struktur ist die Kenntnis der optischen Parameter der einzelnen Schichten innerhalb des Stapels erforderlich. Diese werden in Form des komplexen Brechungsindex $N = n + j\kappa$ mit dem Brechungsindex n und dem Extinktionskoeffizienten κ beschrieben. Die Bestimmung der komplexen

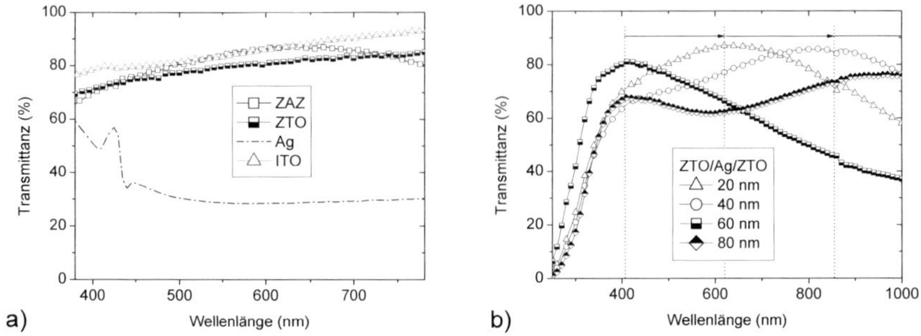

Abbildung 5.24: a) Transmittanz-Spektrum eines ZAZ-Stapels (20/8/40 nm) im Vergleich zu einer ZTO-Schicht (60 nm), einer Ag-Schicht (12 nm) und einer ITO-Schicht (60 nm). b) Transmittanz-Spektrum einer ZAZ-Struktur mit variierender ZTO-Deckschicht und einer konstanten substratseitigen ZTO-Schichtdicke von 20 nm und einer Ag-Dicke von 8 nm.

Brechungsindizes der einzelnen Schichten erfolgte mittels Ellipsometrie. Dazu wurden Ag-, ZTO- und ZAZ-Filme auf Si-Substraten mit einer nativen SiO_2-Schicht der Schichtdicke 1,5 nm abgeschieden und analog zu dem in Kapitel 5.1.2 beschriebenen Verfahren vermessen.[2] Der Verlauf des Brechungsindex für Ag (12 nm) in einem Wellenlängenbereich von 300 nm bis 800 nm ist in Abbildung 5.25 a) dargestellt. Als Vergleich wurde der Brechungsindex-Verlauf des Ag-Volumenmaterials (Bulk) hinzugezogen. Die Daten diesbezüglich wurden der ETFOS^{TM}-Datenbank entnommen [203]. Im Vergleich zum Bulk-Material steigt der Brechungsindex der reinen Ag-Schicht der Dicke 12 nm ab einer Wellenlänge von 500 nm steil an. Zhao et al. begründen dieses Verhalten auf Lücken im Nanometerbereich innerhalb des Ag-Films und schließen anhand von Leitfähigkeitsmessungen auf einen direkten Zusammenhang zwischen der Größe bzw. Anzahl dieser „Nanolücken" und dem Anstieg des Brechungsindex [204]. Demnach führt die Brechung des Lichts an den Grenzflächen dieser Lücken zu einem Anstieg des Brechungsindex des Materials. Für den Brechungsindexverlauf eines Ag-Films innerhalb einer ZAZ-Struktur ist ein grundsätzlich anderes Verhalten ist zu beobachten. Dieser nähert sich über das gesamte Spektrum dem spektralen Verlauf des Bulk-Materials an. Diese Beobachtungen korrespondieren mit den Erkenntnissen aus Kapitel 5.4.2. Demnach liegt bei einer Ag-Schichtdicke von 12 nm auf Si kein kontinuierlicher Ag-Film vor, wohingegen Ag mit einer Schichtdicke von 8 nm, eingebettet in ZTO, die optischen Charakteristika eines geschlossenen Films aufweist. Der Verlauf des Extinktionskoeffizienten der

[2]Vielen Dank an Jean-Philippe Piel von SOPRALAB für die Unterstützung bei der Interpretation der Ellipsometriedaten und der Berechnung der optischen Parameter.

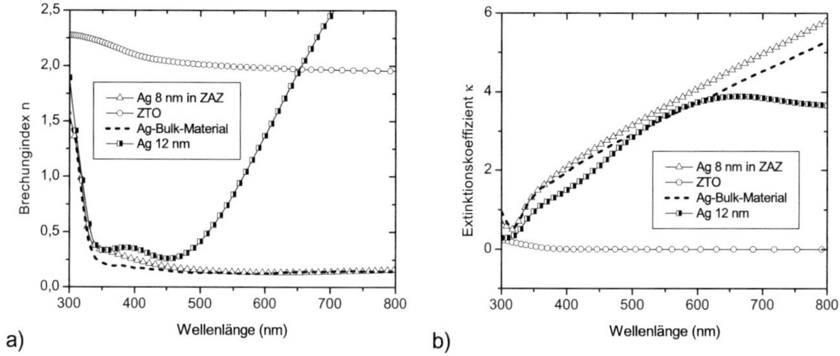

Abbildung 5.25: Wellenlängenabhängiger Brechungsindex (a) und Extinktionskoeffizient (b) einer Ag-Schicht (8 nm) innerhalb einer ZAZ-Struktur mit ZTO-Schichtdicken von 20 nm bzw. 40 nm, einer reinen Ag-Schicht (12 nm) und einer reinen ITO-Schicht abgeschieden auf Si. Die Daten des Ag-Bulk-Materials sind aus der ETFOS^{TM}-Datenbank entnommen.

reinen Ag-Schicht (12 nm) auf Si, dargestellt in Abbildung 5.25 b), im Vergleich zu dem des Bulk-Materials wurde bereits in Kapitel 5.1.2 diskutiert. Der Extinktionskoeffizient der Ag-Schicht in ZAZ ist geringfügig größer als der des Ag-Bulk-Materials. Nach Maaroof et al. ist die Ursache für einen Anstieg des Extinktionskoeffizienten einer Ag-Schicht innerhalb einer Sandwich-Struktur die Absorption von Photonen durch Oberflächenplasmonen (SPP) (vgl. Kapitel 5.1.2) [205]. Ein gegenteiliger Effekt wird von Wang et al. und Zhang et al. diskutiert. Demnach wird die hohe Transmission einer Mehrschicht-Struktur dadurch erzielt, dass Photonen in SPPs an einer TCO/Metall-Grenzfläche einkoppeln und an der anderen Metall/TCO-Grenzfläche wieder auskoppeln [206, 207]. Die Folge wäre eine Verringerung des Extinktionskoeffizienten. Die Kopplung von Photonen und SPPs setzt jedoch Inselbildung voraus, die bei der ZAZ-Elektrode nicht gegeben ist (vgl. Kapitel 5.1.2). Das größere κ des Ag-Films in ZAZ gegenüber dem des Bulk-Materials ist vermutlich auf geringfügig veränderte Schichteigenschaften des thermisch verdampften Ag-Films im Vergleich zum Ag-Bulk-Material zurückzuführen. Die vergleichsweise hohe Transmittanz der ZAZ-Struktur muss folglich eine andere Ursache haben. Der Vergleich der Simulation des Transmissions- und Reflektionsverlaufs einer ZAZ-Struktur (20/8/40 nm) mit den experimentell ermittelten Daten, dargestellt in Abbildung 5.26, bestätigt die bisherigen Ergebnisse bezüglich der elektrischen, strukturellen und optischen Eigenschaften dünner Ag-Filme. Die Simulationssoftware ETFOS^{TM} basiert auf planaren zweidimensionalen Strukturen und berücksichtigt

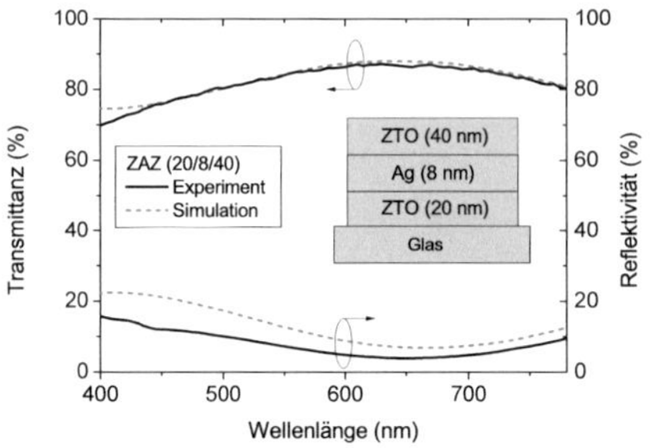

Abbildung 5.26: Experimentell ermittelter sowie simulierter Transmissions- und Reflektionsverlauf einer optimierten ZAZ-Struktur als Funktion der Wellenlänge. Im Bild: Schichtstapel der ZAZ-Struktur.

daher keine Inselbildung innerhalb der einzelnen Schichten (vgl. Kapitel 3.3.1). Es wird daher ebenfalls bestätigt, dass die hohe Transmittanz der ZAZ-Struktur nicht auf plasmonische Effekte sondern vielmehr auf Interferenzeffekte innerhalb des Schichtsystems zurückzuführen ist. Einfallende Wellen werden an der Grenzfläche zum Ag mit einem Phasensprung von π reflektiert. Wird die Ag-Schicht in eine angepasste Resonatorstruktur bestehend aus ZTO eingebracht, resultiert aus der Interferenz der reflektierten und transmittierten Wellen ein breitbandiges Transmittanz-Spektrum dessen Maximum sogar größer sein kann, als das einer reinen ZTO-Schicht mit vergleichbarer Schichtdicke (vgl. Abbildung 5.24). Die in Abbildung 5.24 b) dargestellte schichtdickenabhängige Verschiebung der Transmittanzmaxima der ZAZ-Struktur ist folglich auf die Änderung der optischen Dicke des Resonators und somit der resonanten Wellenlänge zurückzuführen. Mit der einfachen Entspiegelung der Ag-Schicht durch das ZTO im Sinne einer $\lambda/4$-Schicht ist der vorliegende Effekt nicht zu erklären, da weder die Brechungsindexbedingung $n_{\mathrm{ZTO}} = \sqrt{n_{\mathrm{Ag}} n_{\mathrm{Luft}}}$ noch eine optische Dicke von $\lambda/4$ der umgebenden ZTO-Schichten gegeben ist (vgl. Kapitel 2.3.3). Die Verifizierung der ermittelten optischen Parameter der ZAZ-Struktur durch die optische Simulation ermöglicht es, das optische Verhalten komplexer organischer Schichtstapel mit ZAZ-Elektroden im Vorfeld zu analysieren.

Um eine Aussage über die Qualität einer transparenten Elektrode treffen zu können, ist es sinnvoll die konkurrierenden optischen und elektrischen Eigenschaften in Zusammenhang zu bringen. Ein Bewertungsfaktor Φ_{TC} wurde zu diesem Zweck von Haacke et al. definiert [208]. Dieser berechnet sich mit der Transmittanz T bei einer Wellenlänge von 550 nm zu

$$\Phi_{\mathrm{TC}} = \frac{T^{10}}{R_S}. \tag{5.9}$$

In Tabelle 5.3 sind $\mathrm{R_S}$, T_{VIS} und Φ_{TC} verschiedener ZAZ-Strukturen im Vergleich zu einer schonend abgeschiedenen nicht thermisch nachbehandelten ITO-Top-Elektrode (60 nm) aufgelistet. Das von einer optimierten ZAZ-Struktur erreichte Maximum ($\Phi_{\mathrm{TC}} = 2{,}0 \cdot 10^{-2}\ \Omega^{-1}$)

bei vergleichbarer T_{VIS} ist demnach um etwa eine Größenordnunge höher als Φ_{TC} der ITO-Schicht ($\Phi_{TC} = 2{,}0 \cdot 10^{-3}\ \Omega^{-1}$). Dieser signifikante Unterschied ist auf den ebenfalls um eine Größenordnung geringeren R_S der ZAZ-Elektrode im Vergleich zu ITO zurückzuführen.

Tabelle 5.3: Ergebnisse des Schichtwiderstands R_S, Φ_{TC} und der T_{VIS} für symmetrische und asymmetrische ZAZ-Strukturen mit variierter Ag- und ZTO- Schichtdicke im Vergleich zu ITO.

ZTO/Ag/ZTO (nm)	R_S (Ω/sq)	Φ_{TC} (Ω^{-1})	T_{VIS} (%)
20/8/20	10	$3{,}7 \cdot 10^{-4}$	68
40/8/40	8,9	$8{,}3 \cdot 10^{-3}$	73
20/10/20	5,3	$7{,}0 \cdot 10^{-3}$	67
40/10/40	5,7	$1{,}1 \cdot 10^{-2}$	71
20/8/40	8,8	$2{,}0 \cdot 10^{-2}$	82
20/8/60	8,8	$4{,}6 \cdot 10^{-3}$	75
ITO 60	83,3	$2{,}4 \cdot 10^{-3}$	85

5.5 ZAZ-Strukturen als Top-Elektroden für transparente OLEDs

Zur Realisierung transparenter großflächiger Festkörper-Lichtquellen und Displays können transparente OLEDs als zukunftsweisende Technologie angesehen werden. Durch die Verwendung eines Schichtstapels bestehend aus organischen Materialien mit einer vernachlässigbaren Absorption im sichtbaren Spektralbereich des Lichts und TCOs als Elektroden konnten Bauteile mit einer Transmittanz von über 80 % gezeigt werden [7, 8, 209, 210]. Im Hinblick auf Display-Anwendungen ermöglichen zusätzlich transparente Dünnfilmtransistoren (engl. transparent thin film transitor, TTFT) auf Basis von Metalloxiden die Realisierung eines transparenten individuell ansteuerbaren Pixels (engl. aktiv matrix, AM). Mit diesen gestapelten Strukturen kann eine Transmittanz von über 70 % (T_{VIS}) erreicht werden [185].

Die Vorteile der ZAZ-Struktur als Bottom- sowie Top-Elektrode im Vergleich zu ITO konnten im Bereich der organischen Photovoltaik (OPV) bereits gezeigt werden [190, 211]. Am Beispiel einer transparenten OLED mit einer aktiven Fläche von 80 mm^2 soll nun die Leistungsfähigkeit einer ZAZ-Top-Elektrode im Bereich großflächiger OLEDs demonstriert werden. Der verwendete Schichtstapel der invertierten transparenten OLED ist in Abbildung 5.27 a) dargestellt und ist vergleichbar zu den in Kapitel 5.3.2 verwendeten Test-Strukturen. Die Elektroneninjektion aus der substratseitigen ITO-Elektrode erfolgt durch eine IL/ETL bestehend aus BPhen:Cs_2CO_3 (40 nm) mit einer Cs_2CO_3 Dotierung von etwa 3 Gew.-%. Die folgende HBL besteht aus 5 nm intrinsischem TPBi. Als EL wurde ein mit Ir(ppy)$_3$ (5 Gew.-%) dotierter TPBi-Film der Schichtdicke 15 nm abgeschieden. Die EBL, bestehend aus 30 nm TCTA, dient gleichzeitig als HTL. Zum Schutz der organischen Schichten vor den Einflüssen der Sputterdeposition wurde anschließend MoO_3 (60 nm) aufgetragen. Die Prozessparameter zur Deposition der darauf folgenden ZTO-Schicht basieren auf den in Kapitel 5.3.2 gewonnenen Erkenntnissen einer schonenden Deposition. Die Dimensionierung der ZAZ-Struktur basiert auf einer optischen Simulation, die mit Hilfe der in Kapitel 5.4.3 ermittelten optischen Parameter im Vorfeld durchgeführt wurde. Das Bauelement wurde auf eine maximale Lichtauskopplung optimiert. Als Referenz dient ein opakes Bauelement mit einer Al-Top-Elektrode der Schichtdicke 100 nm. Die Schichtstapel beider Bauteile sind

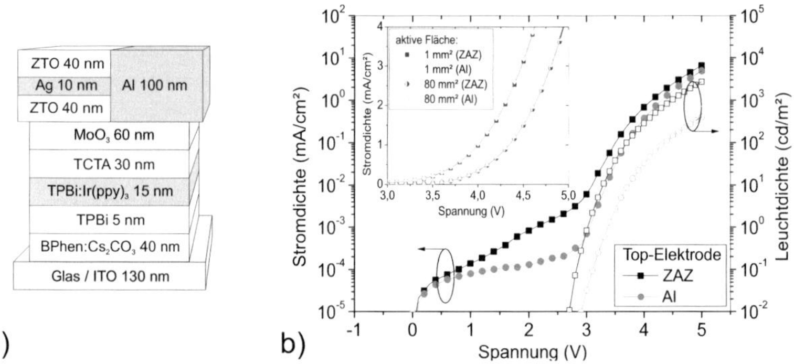

Abbildung 5.27: (a) Schichtreihenfolge der transparenten OLED. (b) LIV-Charakteristika der transparenten OLED mit ZAZ Top-Elektrode im Vergleich zu einer opaken Referenz mit Al-Elektrode mit einer aktiven Fläche von 80 mm^2. Die Leuchtdichten der Bottom- und Top-Emission wurden addiert. In Abbildung b): Vergleich des IV-Verlaufs der transparenten OLED und der Al-Referenz für 1 mm^2 bzw. 80 mm^2 aktive Fläche.

bis zur Top-Elektrode identisch. Abbildung 5.27 b) zeigt die LIV-Charakteristika der transparenten OLED sowie des Referenz-Bauteils. Der nur unwesentlich größere Leckstrom der transparenten OLED von 10^{-4} mA/cm^2 bis 10^{-3} mA/cm^2 im Vergleich zur Al-Referenz (10^{-4} mA/cm^2) unterhalb der Einsetzspannung ($U_{\mathrm{E}} = 2{,}7\ V$) lässt auf einen nahezu schädigungsfreien und reproduzierbaren Depositionsprozess der ZAZ-Struktur schließen. Die geringere Leuchtdichte und die daraus resultierende geringere Effizienz der Al-Referenz ist auf die optische Anpassung des Schichtstapels auf eine optimale Lichtauskopplung im Fall der ZAZ-Elektrode zurückzuführen. Folglich liegt eine optische Fehlanpassung im Fall der reflektiven Al-Elektrode vor (vgl. Kapitel 2.3.1). Für beide Bauteile wurde ein identischer Schichtstapel gewählt, um vergleichbare elektrische Eigenschaften beider Strukturen zu gewährleisten. Die hohe Leitfähigkeit der ZAZ-Top-Elektrode wird in Abbildung 5.27 b) (kleines Bild) deutlich. Für eine kleine aktive Fläche von 0,2 mm^2 sind die IV-Verläufe beider Bauteile aufgrund des vernachlässigbaren Zuleitungswiderstandes deckungsgleich. Bei einer aktiven Fläche von 80 mm^2 sind die IV-Verläufe insgesamt flacher, was auf einen zunehmenden Beitrag des Zuleitungwiderstandes der ITO-Bottom-Elektrode schließen lässt. Die IV-Kennlinien der transparenten OLED und der Al-Referenz liegen jedoch ebenfalls bei einer aktiven Fläche von 80 mm^2 übereinander. In einem Bereich von 0,2 mm^2 bis 80 mm^2 weist folglich die transparente ZAZ-Elektrode im Vergleich zur opaken Al-Elektrode identische elektrische Eigenschaften auf. Die hohe gemessene Bauteil-Transmittanz von 82 % (T_{VIS}) bestätigt die herausragenden Eigenschaften der ZAZ-Elektrode.

Für die Berechnung der Effizienzen wurden die Leuchtdichten der Bottom- und der Top-Emission bei der jeweiligen Betriebsstromdichte addiert. Die resultierenden Wirkungsgrade sind in Abbildung 5.28 a) dargestellt. Bei einer Leuchtdichte von 1000 cd/m^2 wird demnach ein photometrischer Wirkungsgrad von 43 cd/A und ein Luminanzwirkungsgrad von 36 lm/W erreicht. Diese Werte sind vergleichbar mit denen, optisch optimierter Bottom-Emitter-Strukturen [3, 212]. Das in Abbildung 5.28 b) dargestellte Emissionsspektrum zeigt eine gute Übereinstimmung des experimentell ermittelten und des simulierten Verlaufs. Abbildung 5.29 zeigt ein Foto der transparenten OLED mit ZAZ-Top-Elektrode im aus- beziehungsweise eingeschalteten Zustand.

Zusammenfassend konnte im vorangegangenen Kapitel anhand der grundlegenden Untersuchung der strukturellen und elektrischen Eigenschaften semitransparenter Al- und Ag-Filme festgestellt werden, dass deren Schichtstruktur maßgeblich von dem verwendeten Substrat- bzw. Untergrundmaterial abhängt. Es wurde gezeigt, dass die Struktur der dünnen Metallfilme durch die Formation von Agglomeraten (Inseln) bestimmt ist, die mit zunehmender Schichtdicke ein Perkolationsnetzwerk ausbilden. Die Leitfähigkeit dünner Al- und Ag-Filme wird demnach bis zu einer Schichtdicke von 30 nm im Wesentlichen durch Perkolationspfade zwischen den Inseln bestimmt. Abschließend wurde die Anwendung einer semitransparenten Al-Schicht der Schichtdicke 18 nm als Top-Elektrode einer top-emittierenden OLED vorgestellt. Die optische Simulation und Optimierung der top-emittierenden OLED erfolgte auf Basis der im Vorfeld ermittelten optischen Parameter dünner semitransparenter Al- und Ag-Schichten. Diese wurden durch den Vergleich von simulierten und experimentell ermittelten Emissionsspektren und Abstrahlcharakteristika verifiziert. Des Weiteren konnte gezeigt werden, dass die Abscheidung einer bifunktionalen NL-Deckschicht (Auskoppelschicht) mittels ALD auf der top-emittierenden OLED neben einem effizienten Schutz der OLED vor Wasser- und Sauerstoffdiffusion zu einer Erhöhung der Quanteneffizienz um einen Faktor von 1,5 führt.

Bei der Sputter-Deposition transparenter oxidischer Top-Elektroden auf OLEDs konnte durch die Verwendung von ZTO ein um drei Größenordnungen geringerer Leckstrom der OLED im Vergleich zu ITO festgestellt werden. Anhand detaillierter Untersuchungen an schonend gesputterten ZTO- und ITO-Schichten wurde der Einfluss der Prozessparameter auf die elektrischen und optischen Eigenschaften der Schichten diskutiert. Demnach konnte für ZTO bzw. ITO unter schonenden Prozessbedingungen eine Leitfähigkeit von 2 S/cm bzw. 2700 S/cm gemessen werden. Die Transmittanz beider Schichten war >80 %.

Als Fazit aus den detaillierten Untersuchungen der ZAZ-Elektrode konnte festgestellt werden, dass der geringe Schichtwiderstand der Struktur im Wesentlichen auf einem geschlossenen Ag-Film basiert. Dieser ist aufgrund der günstigen elektronischen Struktur des ZTO schon ab etwa 6 nm ausgeprägt. Des Weiteren konnte die Neigung des Silbers, auf der ZTO-Oberfläche nachträglich zu agglomerieren, effektiv durch eine ZTO-Deckschicht unterdrückt

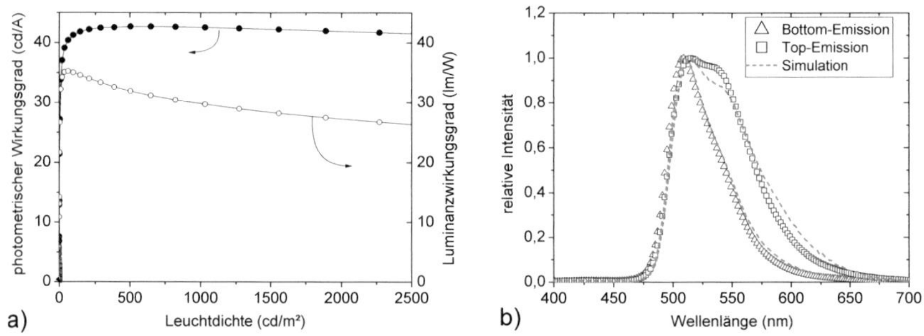

Abbildung 5.28: a) Wirkungsgrade der transparenten OLED mit einer aktiven Fläche von 80 mm^2 ermittelt aus der Gesamtemission (Bottom/Top). b) Experimentell ermitteltes und simuliertes Emissionsspektrum für Bottom- und Top-Emission.

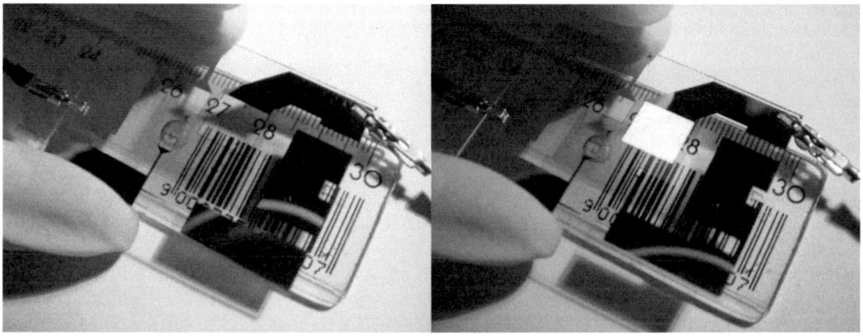

Abbildung 5.29: Foto der transparenten OLED mit ZAZ Top-Elektrode mit einer aktiven Fläche von 80 mm^2 im aus- bzw. eingeschalteten Zustand.

werden. Anhand der Analyse der optischen Eigenschaften der ZAZ-Strukturen konnte sowohl das Inselwachstum als auch die Ausbildung kontinuierlicher Filme bestätigt werden. Durch einen qualitativen Vergleich der ZAZ-Elektrode mit einer, für die Depostion auf organischen Bauteilen, optimierten ITO-Schicht konnten die Vorteile der ZAZ-Struktur herausgestellt werden. Die ZAZ-Struktur ist somit prädestiniert für eine Verwendung als transparente Elektrode für großflächige organische Bauelemente. Die herausragenden optischen und elektrischen Eigenschaften der ZAZ-Struktur sowie der schonende Depositionsprozess wurden hierbei durch die Realisierung einer transparenten OLED mit ZAZ-Top-Elektrode bestätigt. Diese erreichte bei einer Leuchtdichte von 1000 cd/m^2 einen photometrischen Wirkungsgrad von 43 cd/A und ein Luminanzwirkungsgrad von 36 lm/W bei einer Bauteil-Transmittanz von 82 %.

Kapitel 6

Realisierung gestapelter farbabstimmbarer Weißlicht-OLEDs

Die in Kapitel 4 bis 5 untersuchten Einzelkomponenten erfüllen die Voraussetzungen für die Realisierung einer gestapelten farbabstimmbaren Weißlicht-OLED gemäß der in Kapitel 4.1 definierten Anforderungen. Basierend auf den gesammelten Erkenntnissen und den theoretischen Annahmen muss nun die Leistungsfähigkeit der Einzelkomponenten sowie deren Kompatibilität in der praktischen Umsetzung einer gestapelten Struktur verifiziert werden. Im folgenden Kapitel werden daher die bisher behandelten Bauelementstrukturen sowie die Konzepte zur Realisierung der Mitten-Elektrode anhand einer gestapelten farbabstimmbaren Weißlicht-OLED diskutiert. Der Fokus richtet sich dabei auf die Optimierung des Schichtstapels bezüglich des Farborts, der Farbwiedergabe und der Effizienz. Die Ergebnisse werden anhand von gestapelten Weißlicht-OLEDs mit einer aktiven Fläche von 1 cm^2 vorgestellt und mit Hilfe der optischen Simulation verifiziert. Abschließend wird die Skalierung der vorgestellten Bauteilstrukturen auf eine aktive Fläche von 11 cm^2 diskutiert. Ziel dieser Skalierung ist die Umsetzung einer farbabstimmbaren Struktur auf speziellen kaskadierbaren Substraten. Diese Substrate können zu einem Demonstrationsmuster mit einer leuchtenden Fläche von etwa 70 cm^2 zusammengesetzt werden.

6.1 Optimierung der Bauelemente

Die Optimierungsansätze zur Umsetzung der Zielvorgaben bezüglich des Farborts und der Farbwiedergabe werden im folgenden Abschnitt vorgestellt. Diese Ansätze werden auf Bauteilstrukturen angewendet und schließlich anhand der Charakterisierung einer optimierten gestapelten farbabstimmbaren Weißlicht-OLED diskutiert.

6.1.1 Einfluss der Kavitäten auf den Farbort

Innerhalb des kompletten Schichtstapels der gestapelten farbabstimmbaren Weißlicht-OLED ergeben sich hinsichtlich der optischen Eigenschaften der Struktur zusätzliche Herausforderungen. Zwischen Grund-, Mitten- und Top-Elektrode der gestapelten OLED bilden sich optische Kavitäten aus, die die Emissionsspektren der Sub-OLEDs und somit den Farbort der Weißlicht-OLED beeinflussen. Der Einfluss der Kavitäten auf die Farborte der Sub-OLEDs einer gestapelten Struktur soll im Folgenden untersucht werden.

Gemäß der in Kapitel 5.1 definierten Positionierung der Sub-OLEDs wird im weiteren Verlauf dieses Kapitels die orange emittierende Komponente substratseitig (Sub-OLED I) und die blau emittierende Komponente oberhalb der Mitten-Elekrode (Sub-OLED II) deponiert. Des Weiteren wird, da Ag im Vergleich zu Al eine höhere Transmittanz sowie eine höhere spezifische Leitfähigkeit zeigt (vgl. Kapitel 5.1) im Hinblick auf die Realisierung eines Moduls mit einer aktiven Fläche >1 cm^2 Ag als Material für die Mitten-Elektrode eingesetzt. In Abbildung 6.1 a) ist der schematische Aufbau der beschriebenen Struktur dargestellt. Anhand der Variation der Schichtdicke der HTL der orange emittierenden Sub-OLED (X) bzw. der ETL der blau emittierenden Sub-OLED (Y) ist in Abbildung 6.1 b) der Einfluss der Schichtdickenänderung auf die Farbkoordinaten der einzelnen Sub-OLEDs dargestellt. Der durch die Variation des Intensitätsverhältnisses der Sub-OLEDs zu erwartende Farbverlauf ist schematisch anhand von Verbindungsgeraden angedeutet. Es wurden Schichtdicken

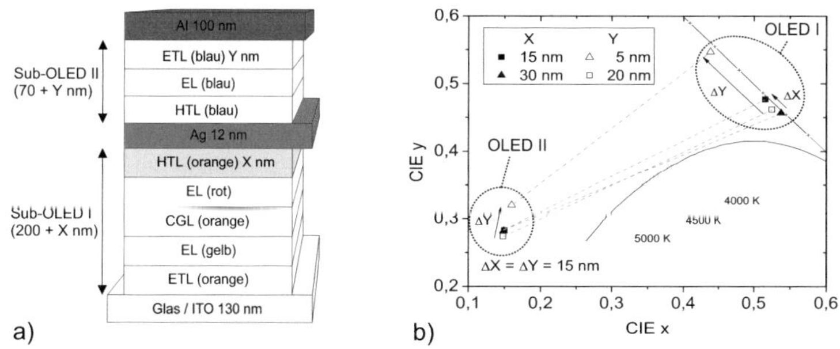

Abbildung 6.1: (a) Prinzipskizze eines gestapelten OLED-Bauelements mit variierten HTL-Schichtdicken der orange emittierenden Sub-OLED I (X) bzw. ETL-Schichtdicken der blau emittierenden Sub-OLED II (Y). (b) CIE-Koordinaten der Sub-OLEDs in Abhängigkeit der Schichtdicken von HTL (orange) und ETL (blau) mit der konstanten Schichtdickenänderung $\Delta X = \Delta Y = 15$ nm.

von $X = 15$ nm und $X = 30$ nm bzw. $Y = 5$ nm und $Y = 20$ nm betrachtet. Dementsprechend ergibt sich eine konstante Schichtdickenänderung von $\Delta X = \Delta Y = 15$ nm für beide Schichten. Im Vergleich zu der Variation von Y um ΔY folgt aus der Variation von X um ΔX eine deutlich geringere Farbverschiebung beider Sub-OLEDs. Eine Änderung der optischen Dicke der Kavität von Sub-OLED II hat folglich einen größeren Einfluss auf die Emissionsspektren beider Sub-OLEDs als eine Änderung der optischen Dicke der Kavität von Sub-OLED I. Zurückzuführen ist dieser Effekt auf die zwei reflektiven metallischen Elektroden und die daraus resultierenden stark ausgeprägten Interferenzeffekte innerhalb der Kavität von Sub-OLED II (vgl. Kapitel 2.3.1). Diese Interferenzeffekte modifizieren jedoch offensichtlich nicht nur das Emissionsspektrum der blau emittierenden Sub-OLED II. Da ein Teil des in der orange emittierenden Sub-OLED I generierten Lichts ebenfalls durch die semitransparente Mitten-Elektrode in die Kavität der Sub-OLED II eingekoppelt wird, erfährt es ebenso eine spektrale Modifikation durch die Resonatoreigenschaften der Kavität von Sub-OLED II. Im Gegensatz zur Kavität der Sub-OLED II sind aufgrund der im Vergleich zu Ag geringeren Reflektivität des ITO die Interferenzeffekte in der Kavität von Sub-OLED I nicht sehr stark ausgeprägt. Die Änderung der optischen Dicke der Kavität von Sub-OLED I wirkt sich folglich auf beide Emissionsspektren weniger stark aus [67]. In dem in Abbildung 6.1 b) dargestellten Fall bleibt der Farbort der blau emittierenden Sub-OLED II trotz einer Variation der Dicke der Kavität von Sub-OLED II um $\Delta X = 15$ nm sogar erhalten. Diese Tatsache ermöglicht eine effektive Optimierung des Farborts der orange emittierenden Sub-OLED I innerhalb des Gesamtsystems ohne zusätzliche Beeinflussung des blauen Emissionsspektrums. Für die Reproduzierbarkeit der Weißlicht-OLEDs erfordert der beschriebene Effekt jedoch ein hohes Maß an Genauigkeit bei der Deposition der organischen Schichten, insbesondere der blau emittierenden Sub-OLED. Aufgrund der komplexen optischen Zusammenhänge innerhalb der gestapelten Struktur ist die Dimensionierung des Schichtstapels im Vorfeld mit Hilfe der optischen Simulation zwingend erforderlich.

6.1.2 Charakterisierung einer optimierten gestapelten Weißlicht-OLED

Auf Basis der zuvor beschriebenen Ansätze zur Optimierung des Schichtstapels wurden farbabstimmbare Weißlicht-OLEDs bestehend aus den in Kapitel 4.2 vorgestellten Sub-OLED-Strukturen hergestellt und charakterisiert. Im folgenden Abschnitt werden die Ergebnisse dieser Untersuchungen bezüglich der in Kapitel 4.1 definierten Zielvorgaben diskutiert. In Abbildung 6.2 sind der komplette Schichtstapel einer gestapelten farbabstimmbaren Weißlicht-OLED sowie das Ersatzschaltbild des Schichtstapels mit den Betriebsspannungsquellen U_{orange} und U_{blau} dargestellt. Die farbabstimmbare Weißlicht-OLED wurde auf einem

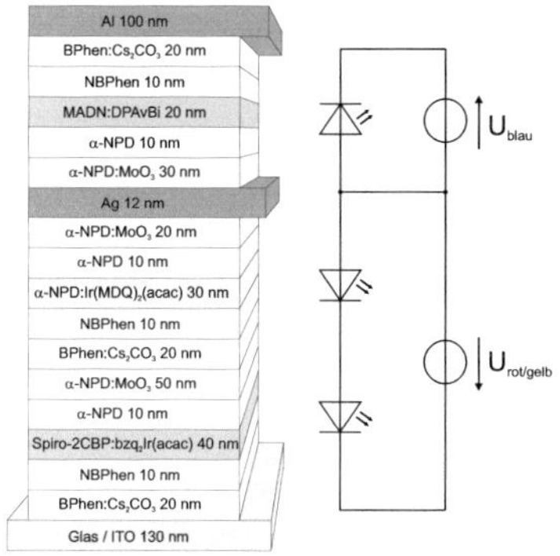

Abbildung 6.2: Schichtstapel einer optimierten gestapelten farbabstimmbaren Weißlicht-OLED. Ersatzschaltbild des Schichtstapels mit den Betriebsspannungsquellen U_{orange} und U_{blau}.

Substrat mit einer aktiven Fläche von 1 cm^2 hergestellt. Die Dimensionierung des Schichtstapels erfolgte im Vorfeld mit Hilfe einer optischen Simulation.

Die LIV-Charakteristika der orange emittierenden sowie der blau emittierenden Sub-OLED sind in Abbildung 6.3 a) dargestellt. Die Einsetzspannung der blau emittierenden Sub-OLED beträgt analog zum einzelnen Bauteil 2,1 V (vgl. Kapitel 4.2.3). Die Einsetzspannung der mittels Tandem-Struktur realisierten orange emittierenden Sub-OLED ergibt sich aus der Addition der Einsetzspannungen der Einzelkomponenten zu etwa 4,3 V (vgl. Kapitel 4.3.2). Die angestrebte Betriebsleuchtdichte von 1000 cd/m^2 wird von der blau emittierenden Sub-OLED bei einer Spannung von 3 V und einer Stromdichte von 20 mA/cm^2 erreicht.

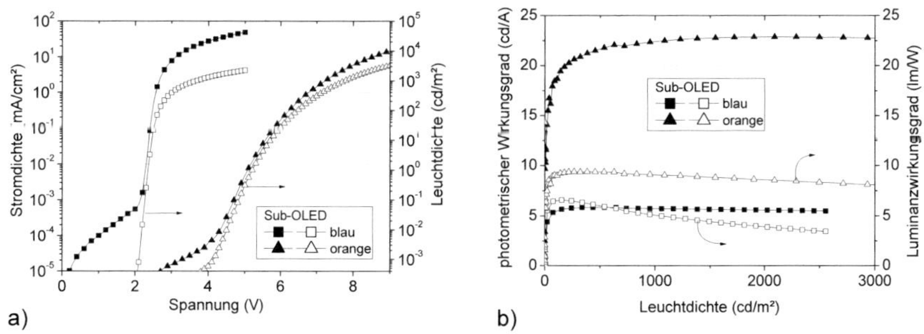

Abbildung 6.3: LIV-Charakteristika (a) und Wirkungsgrade (b) der blau und der orange emittierenden Sub-OLED innerhalb der farbabstimmbaren Weißlicht-OLED mit einer aktiven Fläche von 1 cm^2.

Von der orange emittierenden Sub-OLED wird diese Leuchtdichte bei einer Spannung von 7 V und einer Stromdichte von 5 mA/cm^2 erreicht. Rechnerisch ergibt sich daraus ein um den Faktor vier geringerer photometrischer Wirkungsgrad der blau emittierenden Sub-OLED im Vergleich zur orange emittierenden Sub-OLED. Die Wirkungsgradverläufe der Sub-OLEDs, dargestellt in Abbildung 6.3 b), bestätigen diesen Zusammenhang. Darüber hinaus sind die photometrischen Wirkungsgrade von 22 cd/A (orange) und 6 cd/A (blau) sowie die Luminanzwirkungsgrade von 9 lm/W (orange) und 5 lm/W (blau) bei einer Leuchtdichte von 1000 cd/m^2 im Stapel geringfügig kleiner als die der diskret aufgebauten Bauelemente (vgl. Kapitel 4.2). Diese Verringerung der Effizienz ist auf die optische Anpassung des Schichtstapels an die geforderten Farbkoordinaten zur tangentialen Annäherung an die Planck-Kurve zurückzuführen. Die vergleichsweise geringe Transmittanz der Mitten-Elektrode von etwa 20 % wirkt sich hingegen auf die Effizienz der blau emittierenden Sub-OLED nur geringfügig aus. Als Ursache dafür sind Resonatoreffekte innerhalb der blau emittierenden Sub-OLED zu nennen. Aufgrund der Interferenzeffekte kann sich in der Kavität zwischen den metallischen Elektroden eine stehende Welle ausbilden. Es folgt eine Intensitätserhöhung innerhalb der blau emittierenden Sub-OLED (vgl. Kapitel 2.3.1). Darüber hinaus erfüllt der unterhalb der Mitten-Elektrode deponierte organische Schichtstapel die Funktion einer Auskoppelschicht für die blau emittierende Struktur, wodurch die Lichtauskopplung aus der blau emittierenden Sub-OLED effektiv erhöht wird (vgl. Kapitel 2.3.2).

Die Emissionsspektren der Sub-OLEDs sowie deren Überlagerung resultierend aus dem Simultanbetrieb beider Sub-OLEDs ist in Abbildung 6.4 a) für die Farbtemperaturen 4000 K, 4500 K und 5000 K bei einer Leuchtdichte von etwa 2000 cd/m^2 dargestellt. Die Messung der Emissionsspektren erfolgte mit Hilfe einer Ulbrichtkugel und repräsentiert somit die Integration der Emissionsspektren über alle Raumwinkel in dem von der OLED beleuchteten Halbraum.[1] Die Betrachtung des gesamten Halbraums ist in diesem Fall zweckmäßig, da in der späteren Anwendung einer medizinischen Leuchte durch eine vorgeschaltete Optik eine Kollimierung des in den gesamten Halbraum abgestrahlten Lichts in Vorwärtsrichtung erfolgen soll. Im Simultanbetrieb wurde die Stromdichte und somit die Intensität der orange emittierenden Komponente bei 7 mA/cm^2 konstant gehalten. Die dargestellten Farbtemperaturen 4000 K, 4500 K und 5000 K wurden durch Variation der Stromdichten der blau emittierenden Sub-Komponente eingestellt. Der aus den Emissionsspektren resultierende CRI (R_a, R_9) als Funktion der Farbtemperatur ist in Abbildung 6.4 b) dargestellt. Der R_9-Wert ist ein Maß für die Farbwiedergabe im langwelligen Spektralbereich. Ein hoher R_9-Wert entspricht somit einer kontrastreichen Farbwiedergabe von unterschiedlichen Rotabstufungen, die insbesonde-

[1] Vielen Dank an Frau Nicole Betzold von der ZETT-Optics GmbH für die Unterstützung bei der Charakterisierung der Licht-Module mit Hilfe der Ulbrichtkugel.

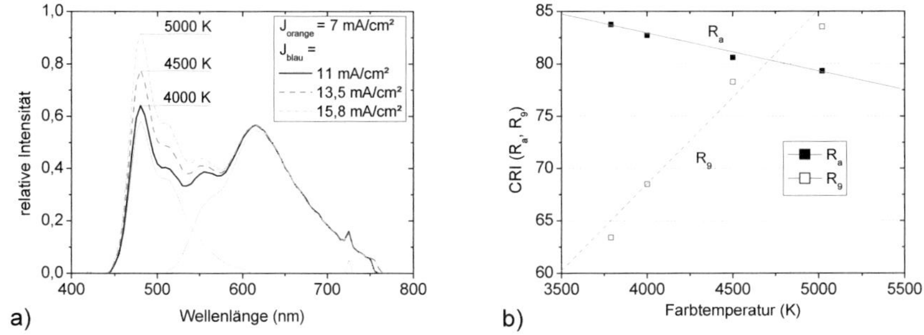

Abbildung 6.4: (a) Emissionsspektren der farbabstimmbaren Weißlicht-OLED für 4000 K, 4500 K und 5000 K in Abhängigkeit der Stromdichte, gemessen mit einer Ulbrichtkugel. (b) Farbtemperaturabhängiger Verlauf des CRI (R_a, R_9) der gestapelten OLED. Die gestrichelten Linien dienen nur der Orientierung.

re für medizinische Anwendungen vorteilhaft ist. Bei einer Farbtemperatur von 5000 K wird demnach ein R_9-Wert von 84 erreicht. Mit abnehmendem Blauanteil fällt dieser bei einer Farbtemperatur von 4000 K auf 67 ab. Die umgekehrte Tendenz hingegen zeigt der R_a-Wert. Dieser fällt von 84 bei einer Farbtemperatur von 4000 K mit zunehmendem Blauanteil auf 79 bei einer Farbtemperatur von 5000 K ab.

Die aus den Emissionsspektren ermittelten Farborte sowie der über die Einzelintensitäten der Sub-OLEDs einstellbare Farbverlauf der Weißlicht-OLED wurde ist in Abbildung 6.5 a) dargestellt. Der Farbverlauf der Weißlicht-OLED zeigt eine sehr gute tangentiale Annäherung an die Planck-Kurve in dem geforderten Farbtemperaturbereich von 4000 K bis 5000 K. Die CIE-Koordinaten der Weißlicht-OLED bei einer Farbtemperatur von 3924 K für den Betrachtungswinkel $\Theta = 0°$ in Abhängigkeit von Θ sind in Abbildung 6.5 b) dargestellt. Der simulierte und der experimentell ermittelte Verlauf zeigen in guter Übereinstimmung mit zunehmendem Betrachtungswinkel eine Verschiebung der Farbkoordinaten der Weißlicht-OLED in den roten Farbbereich. Aufgrund der Resonatoreigenschaften der blau emittierenden Sub-OLED zeigt diese keine Lambertsche Leuchtdichteverteilung, also eine über Θ konstante Leuchtdichte, sondern eher eine Verringerung der Leuchtdichte mit zunehmendem Θ [133]. Demnach ergibt sich mit zunehmendem Betrachtungswinkel eine Verringerung des Blauanteils im Spektrum und somit eine Verschiebung des Farborts der Weißlicht-OLED in Richtung des Farborts der orange emittierenden Sub-OLED. Ebenfalls in Abbildung 6.5 b) dargestellt ist die gute Übereinstimmung des experimentell ermittel-

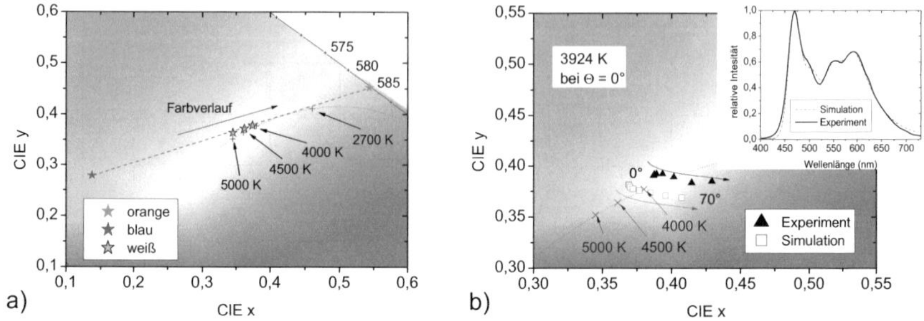

Abbildung 6.5: (a) Farborte der Sub-OLEDs sowie der über die Einzelintensitäten der Sub-OLEDs einstellbare Farbverlauf der Weißlicht-OLED. (b) Experimentell ermittelter sowie simulierter Farbverlauf der farbabstimmbaren Weißlicht-OLED in Abhängigkeit des Betrachtungswinkels Θ. Kleines Bild: Experimentell ermitteltes sowie simuliertes Emissionsspektrum für den Betrachtungswinkel $\Theta = 0°$.

ten sowie des simulierten Emissionsspektrums der Weißlicht-OLED für $\Theta = 0°$ bei einer Farbtemperatur von 3924 K.

Abbildung 6.6 zeigt Fotos von drei möglichen Farbeinstellungen einer farbabstimmbaren Weißlicht-OLED mit einer aktiven Fläche von 1 cm^2. Der Farbbalken unterhalb der Fotos repräsentiert die stufenlos einstellbaren Lichtfarben entlang der Verbindungsgeraden im CIE Koordinatensystem.

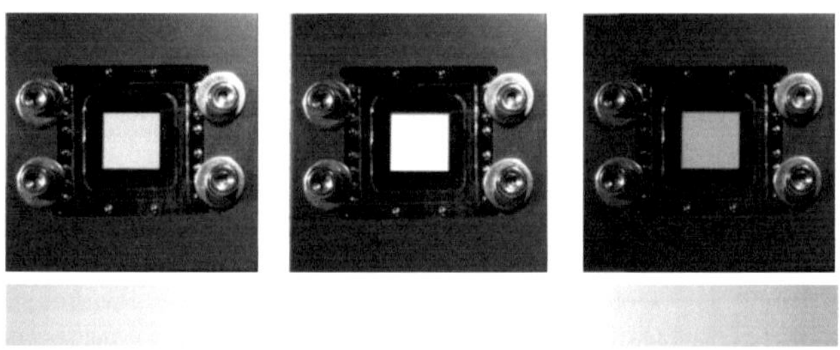

Abbildung 6.6: Foto der farbabstimmbaren Weißlicht-OLED für drei Betriebsmodi (orange, weiß und blau). Darunter: Schematischer Farbverlauf für eine Variation der Intensität der orangen Sub-OLED.

6.2 Skalierung der aktiven Fläche

Im folgenden Abschnitt wird die Skalierung der aktiven Fläche von 1 cm^2 auf 11 cm^2 diskutiert. Des Weiteren wird ein Substrat-Layout vorgestellt, das die Kaskadierung von zwei mal drei farbabstimmbaren Modulen zu einer Gesamtfläche von etwa 70 cm^2 erlaubt. Bei der Auslegung des Substrats richtet sich der Fokus auf die Maximierung der leuchtenden Fläche. Dies führt auf dem Substrat zu einer Optimierung des Füllfaktors.

6.2.1 Dimensionierung des Substrats

Abbildung 6.7 a) zeigt eine schematische Darstellung eines Substrats mit den Abmessungen 35×50 mm^2 und einer maximierten aktiven Fläche von 11 cm^2 unter Berücksichtigung konstruktiver Randbedingungen, wie beispielsweise Kontaktierung und Verkapselung. Die Kontaktierung des Moduls erfolgt von nur einer Kante. Die Module können dadurch in zwei Zeilen mit jeweils außenliegenden Kontaktflächen angeordnet werden. Aufgrund der vergleichsweise geringen Leitfähigkeit der ITO-Bottom-Elektrode von 4000 S/cm ist auf einer Länge von 50 mm und einer Schichtdicke von 130 nm mit einem hohen Bahnwiderstand der ITO-Schicht zu rechnen. Die Folge ist eine inhomogene Stromverteilung auf dem Substrat und

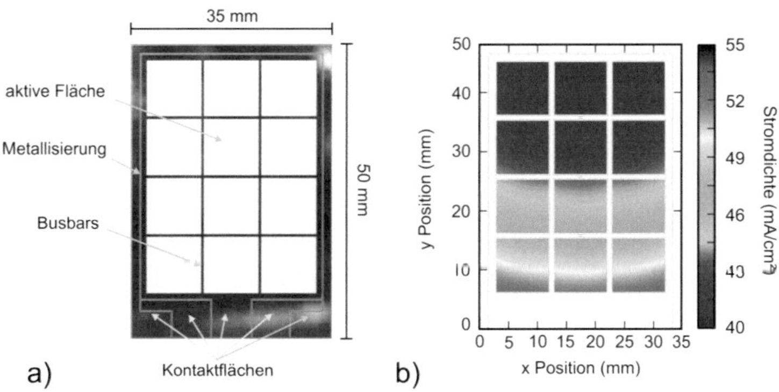

Abbildung 6.7: (a) Schematische Darstellung eines Substrats zur Realisierung einer farbabstimmbaren Weißlicht-OLED auf einer aktiven Fläche von 11 cm^2. (b) Simulierte Stromdichteverteilung auf dem Substrat unter der Berücksichtigung der Leitfähigkeiten der ITO- und der Metallisierungsschicht sowie des differentiellen Widerstandes des organischen Schichtstapels und der semitransparenten Ag-Mitten-Elektrode.

somit ein Gradient der Leuchtdichte. Diese Problemstellung ist bei der Realisierung großflächiger OLEDs durchaus bekannt und wird im Allgemeinen durch die Verwendung von dünnen hochleitfähigen Metallbahnen (Busbars) innerhalb der aktiven Fläche umgangen [213]. Die Dimensionierung der Busbars des beschriebenen Substrats erfolgte durch die Simulation der Stromverteilung auf dem Substrat unter der Berücksichtigung der Leitfähigkeiten der ITO- und der Metallisierungsschicht sowie des differentiellen Widerstands des organischen Schichtstapels und der semitransparenten Ag-Mitten-Elektrode.[2] Im Rahmen dieser Untersuchungen hat sich, aufgrund seiner hohen Leitfähigkeit, Ag als bevorzugtes Material für die Busbars sowie die Kontakt- und Zuleitungsschichten herausgestellt. Die Dicke der Ag-Schicht war mit 150 nm vorgegeben. Mit Hilfe der Simulation der Stromdichteverteilung ergab sich daraus eine minimale Breite der Busbars von 0,5 mm. Die resultierende Verteilung der Stromdichte auf dem Substrat ist in Abbildung 6.7 b) dargestellt. Die Stromdichte fällt somit von den Kontaktflächen zum oberen Rand der aktiven Fläche um 20 % ab. Die daraus resultierende Differenz der Leuchtdichte von ebenfalls 20 % bei einer Betriebsleuchtdichte von 1000 cd/m^2 wird vom menschlichen Auge nicht wahrgenommen und ist somit, für die Realisierung eines Demonstrationsmusters akzeptabel.

6.2.2 Robuste invertierte OLEDs mit Planarisierungs-CGL

Mit der Skalierung der aktiven Fläche einer OLED erhöht sich die Defektwahrscheinlichkeit des Bauteils. Statistisch verteilte Inhomogenitäten (Spitzen) der ITO-Schicht auf der aktiven Fläche können zu dunklen Punkten (engl. black spots), hellen Punkten (engl. bright spots) oder zu Kurzschlüssen der OLED führen [175]. Um Unregelmäßigkeiten auf der Substratoberfläche einzuebnen und somit diese Defekte zu vermeiden ist es zweckmäßig, präventiv eine dicke transparente Schicht zur Planarisierung auf der ITO-Bottom-Elektrode zu deponieren. Diese Planarisierungsschicht muss im Wesentlichen zwei Aufgaben erfüllen.

Zum einen müssen Defektstellen effektiv eingeebnet werden, was in der Regel durch die Variation der Schichtdicke der Planarisierungsschicht gewährleistet ist. Zum anderen muss die Planarisierungsschicht eine effektive Ladungsträgerinjektion in die organischen Schichten ermöglichen.

Bei konventionellen OLEDs ist es naheliegend, eine hochdotierte HTL der Schichtdicke >100 nm, beispielsweise α-NPD:MoO_3, als Planarisierungsschicht zu verwenden. α-NPD:MoO_3 zeigt bei Raumtemperatur nahezu keine Kristallisationsneigung und ist somit als langzeitstabil anzusehen [79]. ETL-Systeme beispielsweise BPhen:Cs_2CO_3 hingegen gelten

[2]Vielen Dank an Dr.-Ing. Reinhard Caspary für die zahlreichen fachlichen Diskussionen bezüglich der Umsetzung des Substrat-Layouts, die schließlich in der Realisierung der Simulations-Software endeten.

aufgrund der starken Kristallisationsneigung des BPhen als instabil [79]. Für die vorliegende invertierte OLED-Struktur ist BPhen:Cs_2CO_3 als Planarisierungsschicht folglich ungeeignet. Um dennoch auch bei einer invertierten OLED-Struktur eine Planarisierungsschicht verwenden zu können wird eine hochdotierte HTL zwischen der ITO-Kathode und der ETL eingebracht. Eine effektive Elektronen-Injektion in die ETL der OLED erfolgt in diesem Fall durch den CGL-Effekt (vgl. Kapitel 4.3.2). Abbildung 6.8 a) zeigt den Schichtstapel einer invertierten orange emittierenden OLED sowie die LIV-Charakteristika der Bauelemente mit und ohne Planarisierungs-CGL im Vergleich. Bedingt durch das Einsetzen der Planarisierungs-CGL ergibt sich eine Spannungsverschiebung ΔU bei einer Leuchtdichte von 1000 cd/m^2 von 1,5 V. In weiterführenden Experimenten zeigte sich, dass ΔU von der Schichtdicke der α-NPD:MoO_3-Schicht unabhängig ist, was eine hohe Flexibilität bei der Dimensionierung der Planarisierungsschicht ermöglicht. Darüber hinaus zeigen die Wirkungsgrade, dargestellt in Abbildung 6.8 b), dass aus ΔU nur eine geringfügige Verringerung des Luminanzwirkungsgrades um etwa 1,5 lm/W resultiert. Erwartungsgemäß wird die Ladungsträgerbilanz innerhalb des Bauteils und somit der photometrische Wirkungsgrad durch die Planarisierungs-CGL nicht beeinflusst. Auf Basis des vorgestellten Konzepts der Planarisierungs-CGL wurden farbabstimmbare Leuchtmodule hergestellt, die eine deutlich erhöhte Ausbeute im Vergleich zu den Bauteilen ohne Planarisierungs-CGL aufwiesen. In Abbildung 6.9 ist ein Leuchtmodul mit einer aktiven Fläche von 11 cm^2 in drei Betriebsmodi (orange, weiß und blau) dargestellt.

Zusammenfassend wurden im letzten Kapitel gestapelte farbabstimmbare WeißlichtOLEDs mit einer aktiven Fläche von 1 cm^2 vorgestellt und charakterisiert. Die im Rahmen dieser Arbeit entwickelten Einzelkomponenten sowie die detaillierten Untersuchungen zur Mitten-Elektrode dienten als Grundlage für die Herstellung der farbabstimmbaren Strukturen. Ent-

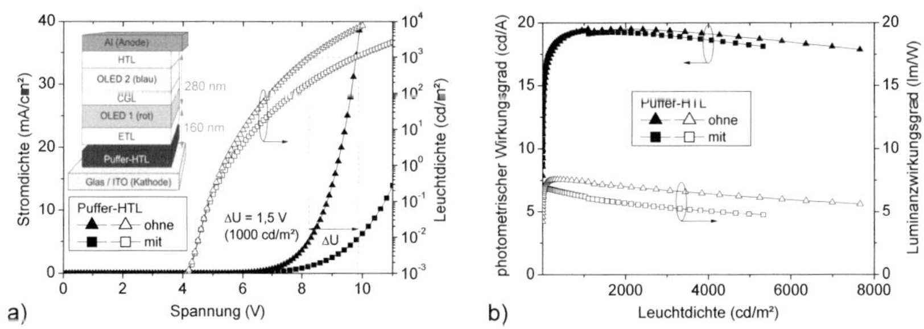

Abbildung 6.8: (a) LIV-Verläufe und (b) Effizienzen der orange emittierenden Sub-OLED mit und ohne substratseitiger Planarisierungs-CGL.

sprechend der in Kapitel 4.1 definierten Leistungsmerkmale im Hinblick auf medizinische Anwendungen konnte mit den farbabstimmbaren Weißlicht-OLEDs eine sehr gute tangentiale Approximation der Planck-Kurve in einem Farbtemperaturbereich von 4000 K bis 5000 K gezeigt werden. In diesem Farbtemperaturbereich wurden für die Weißlicht-Module ein maximaler CRI (R_a) von 84 und ein CRI (R_9) von ebenfalls 84 erzielt. Die ermittelten Wirkungsgrade der Sub-OLEDs innerhalb der gestapelten Struktur von 22 cd/A und 9 lm/W (orange) sowie 6 cd/A und 5 lm/W (blau) genügen ebenfalls den definierten Anforderungen. In einem nächsten Schritt wurde ein Substrat-Layout entworfen, das eine Kaskadierung einzelner Module mit einer aktiven Fläche von 11 cm^2 zu einer resultierenden aktiven Fläche von 70 cm^2 ermöglicht. Im Hinblick auf die Herstellung dieser großflächigen Module wurde ein Konzept zur Planarisierung der Substratoberfläche zur Vermeidung von statistischen Defekten für invertierte OLEDs entwickelt. Abschließend wurde ein farbabstimmbares Weißlicht-Modul mit einer aktiven Fläche von 11 cm^2 auf dem zuvor diskutierten Substrat vorgestellt.

Abbildung 6.9: Foto einer farbabstimmbaren Weißlicht-OLED mit einer aktiven Fläche von 11 cm^2 in drei Betriebsmodi (orange, weiß und blau).

Kapitel 7

Zusammenfassung und Ausblick

Neben einem hohen Farbwiedergabeindex und einer flächigen Lichtemission macht nicht zuletzt die Möglichkeit einer, während des Betriebs einstellbaren, Farbtemperatur die OLED-Technologie attraktiv für Spezialanwendungen, wie beispielsweise medizinische Leuchten. Für gestapelte farbabstimmbare Weißlicht-OLEDs resultieren aus diesem Anwendungsfeld Randbedingungen, die die Auswahl der organischen Materialien sowie die Bauteilkonzeption maßgeblich beeinflussen. In der vorliegenden Arbeit wurden daher verschiedene organische Emittersysteme und Elektroden-Strukturen zur Realisierung gestapelter farbabstimmbarer OLEDs im Hinblick auf Raumbeleuchtung und medizinische Leuchten evaluiert.

Zunächst wurden die Anforderungen an eine farbabstimmbare Weißlicht-OLED bezüglich des Farbtons, der Farbwiedergabe, der Effizienz und der Lebensdauer im Hinblick auf medizinische Anwendungen erläutert. Anhand dieser Anforderungen wurden einzelne Emittersysteme ausgewählt, die diese Spezifikationen weitestgehend erfüllen. Seitens der blau emittierenden Sub-OLED wurde das fluoreszente Emittersystem MADN:DPAvBi vorgestellt und diskutiert. Mit diesen Strukturen konnte ein photometrischer Wirkungsgrad von 7 cd/A und ein Luminanzwirkungsgrad von 7 lm/W gezeigt werden. Die für eine Annäherung an die Planck-Kurve erforderliche orange emittierende Sub-OLED konnte durch die Kombination des kommerziell erhältlichen Emittermaterials $Ir(MDQ)_2(acac)$ und des am Institut für Hochfrequenztechnik hergestellten Emittermaterials $bzq_2Ir(acac)$ erreicht werden. Zu diesem Zweck wurden zunächst beide Materialien anhand von invertierten sowie konventionellen Schichtstrukturen untersucht und diskutiert. Anschließend wurden zwei Konzepte zur Realisierung der Überlagerung der Emissionsspektren des rot und des gelb emittierenden Materialsystems vorgestellt. Mit dem Konzept der Tandem-OLED konnte schließlich ein photometrischer Wirkungsgrad von 30 cd/A sowie ein Luminanzwirkungsgrad von 13 lm/W gezeigt werden. Mit der blau emittierenden Sub-OLED und der orange emittierenden Tandem-Struktur konnten somit leistungsfähige Sub-Komponenten als Voraussetzung für die Entwicklung einer farbabstimmbaren Weißlicht-OLED mit den geforderten Spezifikationen demonstriert werden.

In Bezug auf ein effizientes Materialsystem für die Mittenelektrode konnte anhand grundlegender Untersuchungen der strukturellen und elektrischen Eigenschaften semitransparenter Al- und Ag-Filme festgestellt werden, dass deren Schichtstruktur maßgeblich von dem verwendeten Substrat- bzw. Untergrundmaterial abhängt. Es wurde gezeigt, dass die Struktur der dünnen Metallfilme durch die Formation von Agglomeraten (Inseln) bestimmt ist, die mit zunehmender Schichtdicke ein Perkolationsnetzwerk ausbilden. Die Leitfähigkeit dünner Al- und Ag-Filme wird demnach bis zu einer Schichtdicke von 30 nm im Wesentlichen durch Perkolationspfade zwischen den Inseln bestimmt. Abschließend wurde die Anwendung einer semitransparenten Al-Schicht der Schichtdicke 18 nm als Top-Elektrode einer top-emittierenden OLED vorgestellt. Die optische Simulation und Optimierung der top-emittierenden OLED erfolgte auf Basis der im Vorfeld ermittelten optischen Parameter dünner semitransparenter Al- und Ag-Schichten. Diese wurden durch den Vergleich von simulierten und experimentell ermittelten Emissionsspektren und Abstrahlcharakteristika verifiziert. Des Weiteren konnte gezeigt werden, dass die Abscheidung einer bifunktionalen NL-Deckschicht (Auskopplungsschicht) mittels ALD neben einem effizienten Schutz der top-emittierenden OLED vor Wasser- und Sauerstoffdiffusion zu einer Erhöhung der Quanteneffizienz um einen Faktor von 1,5 führt.
Bei der Sputter-Deposition transparenter oxidischer Top-Elektroden auf OLEDs konnte durch die Verwendung von ZTO ein, um drei Größenordnungen geringerer Leckstrom der OLED im Vergleich zu ITO festgestellt werden. Anhand detaillierter Untersuchungen an schonend gesputterten ZTO- und ITO-Schichten wurde der Einfluss der Prozessparameter auf die elektrischen und optischen Eigenschaften der Schichten diskutiert. Demnach konnte für ZTO bzw. ITO eine Leitfähigkeit von 2 S/cm bzw. 2700 S/cm gemessen werden. Die Transmittanz beider Schichten war >80 %.
Als effizientes Mittel zur Kombination der guten Leitfähigkeit von Metallen und der hohen Transmittanz von TCOs stellten sich Mehrschicht-Elektroden heraus. Als Fazit aus den detaillierten Untersuchungen der ZTO/Ag/ZTO-Elektrode (ZAZ) konnte festgestellt werden, dass der geringe Schichtwiderstand der Struktur im Wesentlichen auf einem geschlossenen Ag-Film basiert. Dieser ist aufgrund der günstigen elektronischen Struktur des ZTO schon ab etwa 6 nm ausgeprägt. Des Weiteren konnte die Neigung des Silbers, auf der ZTO-Oberfläche nachträglich zu agglomerieren, effektiv durch eine ZTO-Deckschicht unterdrückt werden. Anhand der Analyse der optischen Eigenschaften der ZAZ-Strukturen konnte sowohl das Inselwachstum als auch die Ausbildung kontinuierlicher Filme bestätigt werden. Durch

einen qualitativen Vergleich der ZAZ-Elektrode mit einer, für die Deposition auf organischen Bauteilen, optimierten ITO-Schicht konnten die Vorteile der ZAZ-Struktur herausgestellt werden. Die ZAZ-Struktur ist somit prädestiniert für eine Verwendung als transparente Elektrode für großflächige organische Bauelemente. Die herausragenden optischen und elektrischen Eigenschaften der ZAZ-Struktur sowie der schonende Depositionsprozess wurden hierbei durch die Realisierung einer transparenten OLED mit ZAZ-Top-Elektrode gezeigt, die bei einer Leuchtdichte von 1000 cd/m^2 einen photometrischen Wirkungsgrad von 43 cd/A und einen Luminanzwirkungsgrad von 36 lm/W bei einer Bauteil-Transmittanz von 82 % erreichte.

Auf Basis der detaillierten Untersuchungen der Mitten-Elektrode und der erforderlichen Emittersysteme wurden schließlich gestapelte farbabstimmbare Weißlicht-OLEDs mit einer aktiven Fläche von 1 cm^2 vorgestellt und charakterisiert. Entsprechend der definierten Leistungsmerkmale im Hinblick auf medizinische Anwendungen konnte mit den farbabstimmbaren Weißlicht-OLEDs eine sehr gute tangentiale Approximation der Planck-Kurve in einem Farbtemperaturbereich von 4000 K bis 5000 K gezeigt werden. In diesem Farbtemperaturbereich wurde für die Weißlicht-Module ein maximaler CRI (R_a) von 84 und ein CRI (R_9) von ebenfalls 84 erzielt. Die ermittelten Wirkungsgrade der Sub-OLEDs innerhalb der gestapelten Struktur von 22 cd/A und 9 lm/W (orange) sowie 6 cd/A und 5 lm/W (blau) genügen ebenfalls den definierten Anforderungen. In einem nächsten Schritt wurde ein Substrat-Layout entworfen, das eine Kaskadierung einzelner Module mit einer aktiven Fläche von 11 cm^2 zu einer resultierenden aktiven Fläche von 70 cm^2 ermöglicht. Im Hinblick auf die Herstellung dieser großflächigen Module wurde ein Konzept zur Planarisierung der Substratoberfläche zur Vermeidung von statistischen Defekten für invertierte OLEDs entwickelt. Abschließend wurde ein farbabstimmbares Weißlicht-Modul mit einer aktiven Fläche von 11 cm^2 auf dem zuvor diskutierten Substrat vorgestellt.

Ein weiterführender Optimierungsschritt der farbabstimmbaren Weißlicht-OLED ist die Verwendung von ZAZ als Mitten-Elektrode. Eine solche transparente und somit nur geringfügig reflektive Mitten-Elektrode hat eine Verringerung der Kavitätseffekte innerhalb der gestapelten Struktur zur Folge. Variationen der optischen Dicke der organischen Schichten beispielsweise durch Messtoleranzen bei der Deposition wirken sich dann weniger stark auf das Emissionsspektrum der OLED aus. Das Bauelement weist dadurch aus produktionstechnischer Sicht eine höhere Reproduzierbarkeit auf. Darüber hinaus ist eine weitere Verringerung der Änderung des Farbeindrucks in Abhängigkeit des Betrachtungswinkels zu erwarten. Im Gegensatz zu den verwendeten semitransparenten Ag-Schichten bietet ZAZ zusätzlich die Möglichkeit, durch Substitution der opaken Top-Elektrode vollkommen transparente farbabstimmbare Weißlicht-OLEDs herzustellen. Mit solchen transparenten farbabstimmbaren flächigen Lichtquellen können für den Bereich der Raumbeleuchtung beispielsweise transparente, leuchtende Raumtrennwände mit variabler Lichtfarbe oder leuchtende farbabstimmbare Fensterscheiben realisiert werden.

Literaturverzeichnis

[1] A. Wunsch: *Diskussionsbeitrag: Glühlampenlicht und Gesundheit. Ein medizinisches Plädoyer fur gesundes Licht.* Licht-München **59** (2007) 11-12, 958–965.

[2] C. W. Tang, S. A. Van Slyke: *Organic electroluminescent diodes.* Appl. Phys. Lett. **51** (1987) 12, 913–915.

[3] M. Baldo, S. Lamansky, P. Burrows, M. Thompson, S. Forrest: *Very high-efficiency green organic light-emitting devices based on electrophosphorescence.* Appl. Phys. Lett. **75** (1999) 1, 4–6.

[4] M. Gather, A. Köhnen, K. Meerholz: *White organic light-emitting diodes.* Adv. Mater. **23** (2011), 233–248.

[5] G. Schwartz, M. Pfeiffer, S. Reineke, K. Walzer, K. Leo: *Harvesting triplet excitons from fluorescent blue emitters in white organic light-emitting diodes.* Adv. Mater. **19** (2007) 21, 3672–3676.

[6] P. E. Burrows, S. R. Forrest, S. P. Sibley, M. E. Thompson: *Color-tunable organic light-emitting devices.* Appl. Phys. Lett. **69** (1996) 20, 2959–2961.

[7] G. Parthasarathy, C. Adachi, P. Burrows, S. Forrest: *High-efficiency transparent organic light-emitting devices.* Appl. Phys. Lett. **76** (2000) 15, 2128–2130.

[8] J. Meyer, T. Winkler, S. Hamwi, S. Schmale, H.-H. Johannes, T. Weimann, P. Hinze, W. Kowalsky, T. Riedl: *Transparent inverted organic light-emitting diodes with a tungsten oxide buffer layer.* Adv. Mater. **20** (2008) 20, 3839–3843.

[9] V. Bulovic, P. Tian, P. E. Burrows, M. R. Gokhale, S. R. Forrest, M. E. Thompson: *A surface-emitting vacuum-deposited organic light emitting device.* Appl. Phys. Lett. **70** (1997) 22, 2954–2956.

[10] D. Sahu, J. Huang: *High quality transparent conductive ZnO/Ag/ZnO multilayer films deposited at room temperature*. Thin Solid Films **515** (2006) 3, 876–879.

[11] D. Braun, A. Heeger: *Visible light emission from semiconducting polymer diodes*. Appl. Phys. Lett. **58** (1991) 18, 1982–1984.

[12] T. Hebner, C. Wu, D. Marcy, M. Lu, J. Sturm: *Ink-jet printing of doped polymers for organic light emitting devices*. Appl. Phys. Lett. **72** (1998), 519.

[13] H. Bässler: *Charge transport in disordered photoconductors. a monte carlo simulation study*. Phys. Status Solidi B **175** (1993) 1, 15–56.

[14] W. Gill: *Drift mobilities in amorphous charge-transfer complexes of trinitrofluorenone and poly-n-vinylcarbazole*. J. Appl. Phys. **43** (1972) 12, 5033–5040.

[15] S. Tse, K. Kwok, S. So: *Electron transport in naphthylamine-based organic compounds*. Appl. Phys. Lett. **89** (2006), 262102.

[16] T. Chu, O. Song: *Hole mobility of N, N-bis (naphthalen-1-yl)-N, N-bis (phenyl) benzidine investigated by using space-charge-limited currents*. Appl. Phys. Lett. **90** (2007), 203512.

[17] P. Murgatroyd: *Theory of space-charge-limited current enhanced by Frenkel effect*. J. Phys. D: Appl. Phys. **3** (1970), 151.

[18] P. Burrows, S. Forrest: *Electroluminescence from trap-limited current transport in vacuum deposited organic light emitting devices*. Appl. Phys. Lett. **64** (1994) 17, 2285–2287.

[19] C. Adachi, M. A. Baldo, S. R. Forrest, M. E. Thompson: *High-efficiency organic electrophosphorescent devices with tris(2-phenylpyridine)iridium doped into electron-transporting materials*. Appl. Phys. Lett. **77** (2000) 6, 904–906.

[20] C. Tang, S. VanSlyke, C. Chen: *Electroluminescence of doped organic thin films*. J. Appl. Phys. **65** (1989) 9, 3610–3616.

[21] M. Baldo, S. Forrest: *Transient analysis of organic electrophosphorescence: I. transient analysis of triplet energy transfer*. Phys. Rev. B **62** (2000) 16, 10958.

[22] A. Böhler: Organische Elektrolumineszenz-Displays. Dissertation, Technische Universität Braunschweig, 1998.

[23] P. Atkins, A. Höpfner, A. Schleitzer, M. Bär: Physikalische Chemie. VCH Weinheim, Germany 1996.

[24] M. Klessinger, J. Michl: Lichtabsorption und Photochemie organischer Moleküle, Bd. 3. VCH 1990.

[25] J. Franck, E. Dymond: *Elementary processes of photochemical reactions*. Trans. Faraday Soc. **21** (1926) February, 536–542.

[26] E. Condon: *Nuclear motions associated with electron transitions in diatomic molecules*. Phys. Rev. **32** (1928) 6, 858.

[27] M. Kasha: *Characterization of electronic transitions in complex molecules*. Discuss. Faraday Soc. **9** (1950), 14–19.

[28] R. Farchioni: Organic electronic materials: conjugated polymers and low molecular weight organic solids, Bd. 41. Springer Verlag 2001.

[29] T. Dobbertin: Invertierte organische Leuchtdioden für Aktiv-Matrix-OLED-Anzeigen. Dissertation, Technische Universität Braunschweig, 2005.

[30] T. Chu, J. Chen, S. Chen, C. Chen, C. Chen: *Highly efficient and stable inverted bottom-emission organic light emitting devices*. Appl. Phys. Lett. **89** (2006), 053503.

[31] J. Meyer, S. Hamwi, S. Schmale, T. Winkler, H.-H. Johannes, T. Riedl, W. Kowalsky: *A strategy towards p-type doping of organic materials with HOMO levels beyond 6 eV using tungsten oxide*. J. Mater. Chem. **19** (2009), 702–705.

[32] G. Xie, Y. Meng, F. Wu, C. Tao, D. Zhang, M. Liu, Q. Xue, W. Chen, Y. Zhao: *Very low turn-on voltage and high brightness tris-(8-hydroxyquinoline) aluminum-based organic light-emitting diodes with a MoO p-doping layer*. Appl. Phys. Lett. **92** (2008), 093305.

[33] C. Chang, M. Hsieh, J. Chen, S. Hwang, C. Chen: *Highly power efficient organic light-emitting diodes with a p-doping layer*. Appl. Phys. Lett. **89** (2006), 253504.

[34] M. Kröger, S. Hamwi, J. Meyer, T. Riedl, W. Kowalsky, A. Kahn: *P-type doping of organic wide band gap materials by transition metal oxides: A case-study on molybdenum trioxide*. Org. Electron. **10** (2009) 5, 932–938.

[35] G. Parthasarathy, C. Shen, A. Kahn, S. R. Forrest: *Lithium doping of semiconducting organic charge transport materials*. J. Appl. Phys. **89** (2001) 9, 4986–4992.

[36] S. Chen, T. Chu, J. Chen, C. Su, C. H. Chen: *Stable inverted bottom-emitting organic electroluminescent devices with molecular doping and morphology improvement*. Appl. Phys. Lett. **89** (2006) 5.

[37] S. Hamwi: Transition Metal Oxides in Organic Light Emitting Diodes. Dissertation, Technische Universität Braunschweig, 2010.

[38] S. M. Sze: Physics of semiconductor devices. New York, Chichester, Brisbane, Toronto, Singapore: Wiley & Sons, Inc. 1. Aufl., 1981.

[39] H. Vazquez, F. Flores, R. Oszwaldowski, J. Ortega, R. Perez, A. Kahn: *Barrier formation at metal-organic interfaces: dipole formation and the charge neutrality level.* Appl. Surf. Sci. **234** (2004) 1-4, 107–112.

[40] I. Hill, A. Rajagopal, A. Kahn, Y. Hu: *Molecular level alignment at organic semiconductor-metal interfaces.* Appl. Phys. Lett. **73** (1998), 662.

[41] R. H. Fowler, L. Nordheim: *Electron emission in intense electric fields.* P. Roy. Soc. Lond. A Mat. **119** (1928), 173–181.

[42] U. Wolf, V. Arkhipov, H. Bässler: *Current injection from a metal to a disordered hopping system. i. monte carlo simulation.* Phys. Rev. B **59** (1999) 11, 7507.

[43] M. Kröger, S. Hamwi, J. Meyer, T. Riedl, W. Kowalsky, A. Kahn: *Role of the deep-lying electronic states of MoO in the enhancement of hole-injection in organic thin films.* Appl. Phys. Lett. **95** (2009), 123301.

[44] G. E. Jabbour, Y. Kawabe, S. E. Shaheen, J. F. Wang, M. M. Morrell, B. Kippelen, N. Peyghambarian: *Highly efficient and bright organic electroluminescent devices with an aluminum cathode.* Appl. Phys. Lett. **71** (1997) 13, 1762–1764.

[45] K. Schulze, B. Maennig, K. Leo, Y. Tomita, C. May, J. Hüpkes, E. Brier, E. Reinold, P. Bäuerle: *Organic solar cells on indium tin oxide and aluminum doped zinc oxide anodes.* Appl. Phys. Lett. **91** (2007), 073521.

[46] G. He, M. Pfeiffer, K. Leo, M. Hofmann, J. Birnstock, R. Pudzich, J. Salbeck: *High-efficiency and low-voltage p-i-n electrophosphorescent organic light-emitting diodes with double-emission layers.* Appl. Phys. Lett. **85** (2004), 3911.

[47] J. Meyer: Transparente Organic Light Emitting Diodes for Aktiv-Matrix-Displays. Dissertation, Technische Universität Braunschweig, Germany, 2008.

[48] F. Guo, D. Ma: *White organic light-emitting diodes based on tandem structures.* Applied Physics Letters **87** (2005), 173510.

[49] X. Qi, M. Slootsky, S. Forrest: *Stacked white organic light emitting devices consisting of separate red, green, and blue elements.* Appl. Phys. Lett. **93** (2008), 193306.

[50] T.-W. Lee, T. Noh, B.-K. Choi, M.-S. Kim, D. W. Shin, J. Kido: *High-efficiency stacked white organic light-emitting diodes.* Appl. Phys. Lett. **92** (2008) 4, 043301.

[51] H. Kanno, R. Holmes, Y. Sun, S. Kena-Cohen, S. Forrest: *White Stacked Electrophosphorescent Organic Light-Emitting Devices Employing MoO_3 as a Charge-Generation Layer.* Adv. Mater. **18** (2006) 3, 339–342.

[52] Q. Bao, J. Yang, Y. Li, J. Tang: *Electronic structures of MoO_3-based charge generation layer for tandem organic light-emitting diodes*. Appl. Phys. Lett. **97** (2010) 6, 063303–063303.

[53] J. Meyer, M. Kröger, S. Hamwi, F. Gnam, T. Riedl, W. Kowalsky, A. Kahn: *Charge generation layers comprising transition metal-oxide/organic interfaces: Electronic structure and charge generation mechanism*. Appl. Phys. Lett. **96** (2010), 193302.

[54] S. Hamwi, J. Meyer, M. Kröger, T. Winkler, M. Witte, T. Riedl, A. Kahn, W. Kowalsky: *The role of transition metal oxides in charge-generation layers for stacked organic light-emitting diodes*. Adv. Funct. Mater. **20** (2010) 11, 1762–1766.

[55] M. Baldo, D. O'Brien, Y. You, A. Shoustikov, S. Sibley, M. Thompson, S. Forrest: *Highly efficient phosphorescent emission from organic electroluminescent devices*. Nature **395** (1998) 6698, 151–154.

[56] C. Adachi, M. Baldo, M. Thompson, S. Forrest: *Nearly 100% internal phosphorescence efficiency in an organic light-emitting device*. J. Appl. Phys. **90** (2001), 5048.

[57] S. Reineke, F. Lindner, G. Schwartz, N. Seidler, K. Walzer, B. Lüssem, K. Leo: *White organic light-emitting diodes with fluorescent tube efficiency*. Nature **459** (2009) 7244, 234–238.

[58] A. Yariv: Quantum electronics. Wiley 1975.

[59] A. Dodabalapur, L. Rothberg, R. Jordan, T. Miller, R. Slusher, J. Phillips: *Physics and applications of organic microcavity light emitting diodes*. J. Appl. Phys. **80** (1996) 12, 6954–6964.

[60] D. Deppe, C. Lei, C. Lin, D. Huffaker: *Spontaneous emission from planar microstructures*. J. Mod. Opt. **41** (1994) 2, 325–344.

[61] S. Chen, L. Deng, J. Xie, L. Peng, L. Xie, Q. Fan, W. Huang: *Recent developments in top-emitting organic light-emitting diodes*. Adv. Mater. (2010).

[62] S. So, W. Choi, L. Leung, K. Neyts: *Interference effects in bilayer organic light-emitting diodes*. Appl. Phys. Lett. **74** (1999), 1939.

[63] H. Riel, S. Karg, T. Beierlein, B. Ruhstaller, W. Rieß *Phosphorescent top-emitting organic light-emitting devices with improved light outcoupling*. Appl. Phys. Lett. **82** (2003) 3, 466–468.

[64] A. Vredenberg, N. Hunt, E. Schubert, D. Jacobson, J. Poate, G. Zydzik: *Controlled atomic spontaneous emission from Er^{3+} in a transparent Si/SiO_2 microcavity*. Phys. Rev. Lett. **71** (1993) 4, 517–520.

[65] E. Schubert, N. Hunt, M. Micovic, R. Malik, D. Sivco, A. Cho, G. Zydzik: *Highly efficient light-emitting diodes with microcavities*. Science **265** (1994) 5174, 943.

[66] R. Jordan, A. Dodabalapur, R. Slusher: *Efficiency enhancement of microcavity organic light emitting diodes*. Appl. Phys. Lett. **69** (1996), 1997.

[67] V. Bulović, V. Khalfin, G. Gu, P. Burrows, D. Garbuzov, S. Forrest: *Weak microcavity effects in organic light-emitting devices*. Phys. Rev. B **58** (1998) 7, 3730.

[68] S. Chen, Y. Zhao, G. Cheng, J. Li, C. Liu, Z. Zhao, Z. Jie, S. Liu: *Improved light outcoupling for phosphorescent top-emitting organic light-emitting devices*. Appl. Phys. Lett. **88** (2006) 15.

[69] H. Riel, S. Karg, T. Beierlein, W. Rieß K. Neyts: *Tuning the emission characteristics of top-emitting organic light-emitting devices by means of a dielectric capping layer: An experimental and theoretical study*. J. Appl. Phys. **94** (2003) 8, 5290–5296.

[70] Q. Huang, K. Walzer, M. Pfeiffer, V. Lyssenko, G. He, K. Leo: *Highly efficient top emitting organic light-emitting diodes with organic outcoupling enhancement layers*. Appl. Phys. Lett. **88** (2006) 11.

[71] L. H. Smith, J. A. E. Wasey, I. D. W. Samuel, W. L. Barnes: *Light out-coupling efficiencies of organic light-emitting diode structures and the effect of photoluminescence quantum yield*. Adv. Funct. Mater. **15** (2005) 11, 1839–1844.

[72] L. Smith, J. Wasey, W. Barnes: *Light outcoupling efficiency of top-emitting organic light-emitting diodes*. Appl. Phys. Lett. **84** (2004) 16, 2986–2988.

[73] M. . Lu, M. S. Weaver, T. X. Zhou, M. Rothman, R. C. Kwong, M. Hack, J. J. Brown: *High-efficiency top-emitting organic light-emitting devices*. Appl. Phys. Lett. **81** (2002) 21, 3921–3923.

[74] H. Peng, J. Sun, X. Zhu, X. Yu, M. Wong, H. Kwok: *High-efficiency microcavity top-emitting organic light-emitting diodes using silver anode*. Appl. Phys. Lett. **88** (2006) 7.

[75] F. Pedrotti, L. Pedrotti, W. Bausch, H. Schmidt: Optik für Ingenieure. Springer 2005.

[76] P. Bouma: Farbe und Farbwahrnehmung:. Philips technical library. Philips 1951.

[77] S. Newhall, D. Nickerson, D. Judd: *Final report of the osa subcommittee on the spacing of the munsell colors*. Journ. Opt. Soc. Americ. **33** (1943) 7, 385–411.

[78] Norm: *CIE 15*, 2004.

[79] D. Schneidenbach: Entwicklung und Evaluierung langzeitstabiler Orange-Roter organischer Leuchtdioden. Dissertation, Technische Universität Braunschweig, 2010.

[80] M. Hoping: Tiefblaue phosphoreszente organische Leuchtdioden basierend auf Iridium-Carben-Komplexen. Dissertation, Technische Universität Braunschweig, 2009.

[81] H. Gargouri: Carben-Emitter in organischen Leuchtdioden. Dissertation, Technische Universität Braunschweig, 2009.

[82] T. Dobbertin, M. Kroeger, D. Heithecker, D. Schneider, D. Metzdorf, H. Neuner, E. Becker, H.-H. Johannes, W. Kowalsky: *Inverted top-emitting organic light-emitting diodes using sputter-deposited anodes.* Appl. Phys. Lett. **82** (2003) 2, 284–286.

[83] H. Schmidt, H. Flügge, T. Winkler, T. Bülow, T. Riedl, W. Kowalsky: *Efficient semitransparent inverted organic solar cells with indium tin oxide top electrode.* Appl. Phys. Lett. **94** (2009) 24, 243302.

[84] D. Mergel: *Dünne ITO-Schichten als leitfähige, transparente Elektroden. Thin films of ITO as conductive, transparent electrodes.* Vakuum in Forschung und Praxis **16** (2004) 2, 58–61.

[85] M. Bender: Untersuchungen zur Prozeßparameterabhängigkeit der elektrischen und strukturellen Eigenschaften von magnetrongesputterten Indium-Zinn-Oxid Filmen. Dissertation, Technische Universität Darmstadt, 1998.

[86] D. Mergel, M. Schenkel, M. Ghebre, M. Sulkowski: *Structural and electrical properties of In_2O_3:Sn films prepared by radio-frequency sputtering.* Thin Solid Films **392** (2001) 1, 91 – 97.

[87] P. Görrn: Transparente Elektronik für Aktiv-Matrix-Displays. Dissertation, Technische Universität Braunschweig, 2008.

[88] L. J. Van der Pauw: *A method of measuring the resistivity and hall coefficient on lamellae and arbitrary shape.* Philips Technical Review **20** (1958) 8, 220–224.

[89] Y. Sun, N. Giebink, H. Kanno, B. Ma, M. Thompson, S. Forrest: *Management of singlet and triplet excitons for efficient white organic light-emitting devices.* Nature **440** (2006) 7086, 908–912.

[90] G. Schwartz, K. Fehse, M. Pfeiffer, K. Walzer, K. Leo: *Highly efficient white organic light emitting diodes comprising an interlayer to separate fluorescent and phosphorescent regions.* Appl. Phys. Lett. **89** (2006), 083509.

[91] L. Wang, G. Lei, Y. Qiu: *Bright white organic light-emitting diodes based on two blue emitters with similar molecular structures.* J. Appl. Phys. **97** (2005), 114503.

[92] B. D'Andrade, R. Holmes, S. Forrest: *Efficient organic electrophosphorescent white-light-emitting device with a triple doped emissive layer.* Adv. Mater. **16** (2004) 7, 624–628.

[93] P. Burrows, V. Khalfin, G. Gu, S. Forrest: *Control of microcavity effects in full color stacked organic light emitting devices.* Appl. Phys. Lett. **73** (1998) 4, 435–437.

[94] G. Parthasarathy, G. Gu, S. Forrest: *A full-color transparent metal-free stacked organic light emitting device with simplified pixel biasing.* Adv. Mater. **11** (1999) 11, 907–910.

[95] B. D'Andrade, S. Forrest: *White organic light-emitting devices for solid-state lighting.* Adv. Mater. **16** (2004) 18, 1585–1595.

[96] S. Su, E. Gonmori, H. Sasabe, J. Kido: *Highly efficient organic blue-and white-light-emitting devices having a carrier-and exciton-confining structure for reduced efficiency roll-off.* Adv. Mater. **20** (2008) 21, 4189–4194.

[97] J. Duan, P. Sun, C. Cheng: *New iridium complexes as highly efficient orange–red emitters in organic light-emitting diodes.* Adv. Mater. **15** (2003) 3, 224–228.

[98] H. Sasabe, J. Takamatsu, T. Motoyama, S. Watanabe, G. Wagenblast, N. Langer, O. Molt, E. Fuchs, C. Lennartz, J. Kido: *High-efficiency blue and white organic light-emitting devices incorporating a blue iridium carbene complex.* Adv. Mater. ().

[99] S. Lai, S. Tao, M. Chan, M. Lo, T. Ng, S. Lee, W. Zhao, C. Lee: *Iridium (iii) bis [2-(2-naphthyl) pyridine](acetylacetonate)-based yellow and white phosphorescent organic light-emitting devices.* J. Mater. Chem. (2011).

[100] C. Yang, C. Tai, I. Sun: *Synthesis of a high-efficiency red phosphorescent emitter for organic light-emitting diodes.* J. Mater. Chem. **14** (2004) 6, 947–950.

[101] R. Meerheim, K. Walzer, M. Pfeiffer, K. Leo: *Ultrastable and efficient red organic light emitting diodes with doped transport layers.* Appl. Phys. Lett. **89** (2006) 6, 061111–061111.

[102] D. Schneidenbach, S. Ammermann, M. Debeaux, A. Freund, M. Zöllner, C. Daniliuc, P. Jones, W. Kowalsky, H.-H. Johannes: *Efficient and Long-Time Stable Red Iridium (III) Complexes for Organic Light-Emitting Diodes Based on Quinoxaline Ligands.* Inorg. Chem. **49** (2009) 2, 397–406.

[103] R. Meerheim, S. Scholz, S. Olthof, G. Schwartz, S. Reineke, K. Walzer, K. Leo: *Influence of charge balance and exciton distribution on efficiency and lifetime of phosphorescent organic light-emitting devices.* J. Appl. Phys. **104** (2008) 1, 014510–014510.

[104] S. Lamansky, P. Djurovich, D. Murphy, F. Abdel-Razzaq, H. Lee, C. Adachi, P. Burrows, S. Forrest, M. Thompson: *Highly phosphorescent bis-cyclometalated iridium complexes: synthesis, photophysical characterization, and use in organic light emitting diodes.* J. Am. Chem. Soc. **123** (2001) 18, 4304–4312.

[105] P. Schrögel, A. Tomkevičienė, P. Strohriegl, S. Hoffmann, A. Köhler, C. Lennartz: *A series of CBP-derivatives as host materials for blue phosphorescent organic light-emitting diodes.* J. Mater. Chem. (2010).

[106] S. Lo, N. Male, J. Markham, S. Magennis, P. Burn, O. Salata, I. Samuel: *Green phosphorescent dendrimer for light-emitting diodes.* Adv. Mater. **14** (2002) 13-14, 975–979.

[107] H. Kim, Y. Byun, R. Das, B. Choi, P. Ahn: *Small molecule based and solution processed highly efficient red electrophosphorescent organic light emitting devices.* Appl. Phys. Lett. **91** (2007) 9, 093512–093512.

[108] C. Adachi, T. Tsutsui, S. Saito: *Blue light-emitting organic electroluminescent devices.* Appl. Phys. Lett. **56** (1990) 9, 799–801.

[109] H. Aziz, Z. Popovic, S. Xie, A. Hor, N. Hu, C. Tripp, G. Xu: *Humidity-induced crystallization of tris (8-hydroxyquinoline) aluminum layers in organic light-emitting devices.* Appl. Phys. Lett. **72** (1998), 756.

[110] E. Han, L. Do, N. Yamamoto, M. Fujihira: *Crystallization of organic thin films for electroluminescent devices.* Thin Solid Films **273** (1996) 1-2, 202–208.

[111] L. Wu, S. Tsai, T. Guo, C. Yang, I. Sun, et al.: *Synthesis and green electrophosphorescence of a novel cyclometalated iridium complex in polymer light-emitting diodes.* J. Lumin. **126** (2007) 2, 687–694.

[112] R. Meerheim, R. Nitsche, K. Leo: *High-efficiency monochrome organic light emitting diodes employing enhanced microcavities.* Appl. Phys. Lett. **93** (2008) 4, 043310–043310.

[113] S. Kim, J. Jang, J. Lee: *High efficiency phosphorescent organic light-emitting diodes using carbazole-type triplet exciton blocking layer.* Appl. Phys. Lett. **90** (2007), 223505.

[114] I. Hill, A. Kahn: *Organic semiconductor heterointerfaces containing bathocuproine.* J. Appl. Phys. **86** (1999) 8, 4515–4519.

[115] Y. Shirota, H. Kageyama: *Charge carrier transporting molecular materials and their applications in devices.* Chem. Rev. **107** (2007) 4, 953–1010.

[116] J. Jou, S. Shen, S. Chen, M. Wu, W. Wang, H. Wang, C. Lin, Y. Chou, P. Wu, J. Shyue: *Highly efficient orange-red phosphorescent organic light-emitting diode using*

2, 7-bis (carbazo-9-yl)-9, 9-ditolyfluorene as the host. Appl. Phys. Lett. **96** (2010) 14, 143306–143306.

[117] T. Kato, T. Mori, T. Mizutani: *Effect of fabrication conditions on photoluminescence and absorption of hole transport materials.* Thin Solid Films **393** (2001) 1-2, 109–113.

[118] F. Li, M. Zhang, G. Cheng, J. Feng, Y. Zhao, Y. Ma, S. Liu, J. Shen: *Highly efficient electrophosphorescence devices based on rhenium complexes.* Appl. Phys. Lett. **84** (2004) 1, 148–150.

[119] A. Wan, J. Hwang, F. Amy, A. Kahn: *Impact of electrode contamination on the α-NPD/Au hole injection barrier.* Org. Electron. **6** (2005) 1, 47–54.

[120] W. Gao, A. Kahn: *Effect of electrical doping on molecular level alignment at organic–organic heterojunctions.* Appl. Phys. Lett. **82** (2003), 4815.

[121] A. Mäkinen, I. Hill, R. Shashidhar, N. Nikolov, Z. Kafafi: *Hole injection barriers at polymer anode/small molecule interfaces.* Appl. Phys. Lett. **79** (2001), 557.

[122] S. Reineke, G. Schwartz, K. Walzer, M. Falke, K. Leo: *Highly phosphorescent organic mixed films: The effect of aggregation on triplet-triplet annihilation.* Appl. Phys. Lett. **94** (2009), 163305.

[123] C. Schildknecht: Iridium Carben Komplexe als Farbstoffe für tiefblaue organische Leuchtdioden. Dissertation, Technische Universität Braunschweig, 2006.

[124] M. Lee, H. Chen, C. Liao, C. Tsai, C. Chen: *Stable styrylamine-doped blue organic electroluminescent device based on 2-methyl-9, 10-di (2-naphthyl) anthracene.* Appl. Phys. Lett. **85** (2004) 15, 3301–3303.

[125] C. Liao, M. Lee, C. Tsai, C. Chen: *Highly efficient blue organic light-emitting devices incorporating a composite hole transport layer.* Appl. Phys. Lett. **86** (2005) 20, 203507–203507.

[126] S. Wen, M. Lee, C. Chen: *Recent development of blue fluorescent OLED materials and devices.* Journal of display technology **1** (2005) 1, 90.

[127] C. Hosokawa, H. Tokailin, H. Higashi, T. Kusumoto: *Efficient electroluminescence of distyrylarylene with hole transporting ability.* J. Appl. Phys. **78** (1995) 9, 5831–5833.

[128] J. Lee, Y. Ho, T. Lin, C. Wu: *High-efficiency fluorescent blue organic light-emitting device with balanced carrier transport.* J. Electrochem. Soc. **154** (2007), J226.

[129] S. Van Slyke, C. Chen, C. Tang: *Organic electroluminescent devices with improved stability.* Appl. Phys. Lett. **69** (1996), 2160.

[130] V. Bulovic, R. Deshpande, M. Thompson, S. Forrest: *Tuning the color emission of thin film molecular organic light emitting devices by the solid state solvation effect*. Chem. Phys. Lett. **308** (1999) 3-4, 317–322.

[131] B. D'Andrade, S. Forrest: *Effects of exciton and charge confinement on the performance of white organic p- i- n electrophosphorescent emissive excimer devices*. J. Appl. Phys. **94** (2003), 3101.

[132] L. Liao, K. Klubek, C. Tang: *High-efficiency tandem organic light-emitting diodes*. Appl. Phys. Lett. **84** (2004), 167.

[133] D. Leem, S. Kim, J. Lee, J. Kim: *High efficiency p-i-n top-emitting organic light-emitting diodes with a nearly lambertian emission pattern*. J. Appl. Phys. **106** (2009) 6.

[134] J. Ma, X. Jiang, Z. Liang, J. Cao, X. Zhang, Z. Zhang: *Highly power efficient organic light-emitting diodes based on Cs2CO3 n-doped and MoO3 p-doped carrier transport layers*. Semicond. Sci. Technol. **24** (2009), 035009.

[135] H. You, Y. Dai, Z. Zhang, D. Ma: *Improved performances of organic light-emitting diodes with metal oxide as anode buffer*. Appl. Phys. Lett. **101** (2007) 2, 026105.

[136] I. D. Parker: *Carrier tunneling and device characteristics in polymer light-emitting diodes*. J. Appl. Phys. **75** (1994) 3, 1656–1666.

[137] E. I. Haskal, A. Curioni, P. F. Seidler, W. Andreoni: *Lithium–aluminum contacts for organic light-emitting devices*. Appl. Phys. Lett. **71** (1997) 9, 1151–1153.

[138] L. S. Hung, C. W. Tang, M. G. Mason: *Enhanced electron injection in organic electroluminescence devices using an al/lif electrode*. Appl. Phys. Lett. **70** (1997) 2, 152–154.

[139] C. Wu, C. Lin, Y. Chen, M. Chen, Y. Lu, C. Wu: *Electronic structures and electron-injection mechanisms of cesium-carbonate-incorporated cathode structures for organic light-emitting devices*. Appl. Phys. Lett. **88** (2006), 152104.

[140] M. Vollmer, A. Weber: *Keimbildung in übersättigten Gebilden*. Z. Phys. Chem **119** (1926), 227.

[141] B. M. Trafas, Y.-N. Yang, R. L. Siefert, J. H. Weaver: *Scanning tunneling microscopy of Ag growth on GaAs(110) at 300 K: From clusters to crystallites*. Phys. Rev. B **43** (Jun 1991) 17, 14107–14114.

[142] F. Frank, J. Van der Merwe: *One-dimensional dislocations. I. Static theory*. P. Roy. Soc. Lond. A Mat. **198** (1949) 1053, 205.

[143] L. Gavioli, K. R. Kimberlin, M. C. Tringides, J. F. Wendelken, Z. Zhang: *Novel Growth of Ag Islands on Si(111): Plateaus with a Singular Height*. Phys. Rev. Lett. **82** (Jan 1999) 1, 129–132.

[144] J. M. Bermond, J. A. Venables: *A model for the growth shape of crystallites on surfaces*. J. Cryst. Growth **64** (1983) 2, 239 – 256.

[145] K.-H. Park, J. S. Ha, S.-J. Park, E.-H. Lee: *Ag growth on Si(111) with an Sb surfactant investigated by scanning tunneling microscopy*. Surf. Sci. **380** (1997) 2-3, 258 – 263.

[146] I. Stranski, L. Krastanow: *Zur Theorie der orientierten Ausscheidung von Ionenkristallen aufeinander*. Monatshefte für Chemie/Chemical Monthly **71** (1937) 1, 351–364.

[147] F. Ostermann: Anwendungstechnologie Aluminium. Springer, Berlin 2. Aufl., 2007.

[148] K. L. Chopra, M. R. Randlett: *Influence of deposition parameters on the coalescence stage of growth of metal films*. J. Appl. Phys. **39** (1968) 3, 1874–1881.

[149] T. Oates, L. Ryves, M. Bilek: *Dielectric functions of a growing silver film determined using dynamic in situ spectroscopic ellipsometry*. Opt. Express **16** (2008) 4, 2302–2314.

[150] T. Oates, L. Ryves, M. Bilek, D. McKenzie: *Accurate determination of optical and electronic properties of ultra-thin silver films for biosensor applications*. Sensor. Actuator. B-Chem **109** (2005) 1, 146 – 152.

[151] A. J. de Vries, E. S. Kooij, H. Wormeester, A. A. Mewe, B. Poelsema: *Ellipsometric study of percolation in electroless deposited silver films*. J. Appl. Phys. **101** (2007) 5, 053703.

[152] A. McAlister, E. Stern: *Plasma resonance absorption in thin metal films*. Phys. Rev. **132** (1963) 4, 1599.

[153] A. Giannattasio, I. Hooper, W. Barnes: *Transmission of light through thin silver films via surface plasmon-polaritons*. Opt. Express **12** (2004), 5881–5886.

[154] H. Tompkins, S. Tasic, J. Baker, D. Convey: *Spectroscopic ellipsometry measurements of thin metal films*. Surf. Interface Anal. **29** (2000) 3, 179–187.

[155] Z. Meng, H. Chen, C. Qiu, H. Kwok, M. Wong: *Active-matrix organic light-emitting diode display implemented using metal-induced unilaterally crystallized polycrystalline silicon thin-film transistors*. In: SID International Symposium Digest of Technical Papers, Bd. 32. SOCIETY FOR INFORMATION DISPLAY, 2001, 380–383.

[156] C.-J. Yang, C.-L. Lin, C.-C. Wu, Y.-H. Yeh, C.-C. Cheng, Y.-H. Kuo, T.-H. Chen: *High-contrast top-emitting organic light-emitting devices for active-matrix displays*. Appl. Phys. Lett. **87** (2005) 14, 143507.

[157] J.-H. Lee, W.-J. Nam, S.-M. Han, M.-K. Han: *Oled pixel design employing a novel current scaling scheme.* SID Symposium Digest of Technical Papers **34** (2003) 1, 490–493.

[158] C. Wu, S. Theiuss, G. Gu, M. Lu, J. Sturm, S. Wagner, S. Forrest: *Integration of organic leds and amorphous si tfts onto flexible and lightweight metal foil substrates.* Electron Device Letters, IEEE **18** (1997) 12, 609–612.

[159] Z. Xie, L. Hung, F. Zhu: *A flexible top-emitting organic light-emitting diode on steel foil.* Chem. Phys. Lett. **381** (2003) 5-6, 691–696.

[160] Y. Li, L. Tan, X. Hao, K. S. Ong, F. Zhu, L. Hung: *Flexible top-emitting electroluminescent devices on polyethylene terephthalate substrates.* Appl. Phys. Lett. **86** (2005) 15, 1–3.

[161] H. Rooms, D. Hermes, S. Harkema, C. Tanase, T. van Mol, P. W. M. Blom, J. Wilson: *Optimization of the efficacy and angle dependence of emission of top-emissive organic light-emitting diodes on metal foils.* Journal of Photonics for Energy **1** (2011) 1, 011024.

[162] S. Han, X. Feng, Z. H. Lu, D. Johnson, R. Wood: *Erratum: Transparent-cathode for top-emission organic light-emitting diodes (applied physics letters (2003) 82 (2715)).* Appl. Phys. Lett. **83** (2003) 13, 2719.

[163] S. Chen, Z. Jie, Z. Zhao, G. Cheng, Z. Wu, Y. Zhao, B. Quan, S. Liu, X. Li, W. Xie: *Improved light outcoupling for top-emitting organic light-emitting devices.* Appl. Phys. Lett. **89** (2006) 4, 043505.

[164] S. Nowy, B. C. Krummacher, J. Frischeisen, N. A. Reinke, W. Brütting: *Light extraction and optical loss mechanisms in organic light-emitting diodes: Influence of the emitter quantum efficiency.* J. Appl. Phys. **104** (2008) 12, 123109.

[165] S.-Y. Chen, T.-Y. Chu, J.-F. Chen, C.-Y. Su, C. H. Chen: *Stable inverted bottom-emitting organic electroluminescent devices with molecular doping and morphology improvement.* Appl. Phys. Lett. **89** (2006) 5, 053518.

[166] W. Liao, J. Huang, C. Ni, Y. Guo, C. Teng, F. Hong: *Enhanced luminescence of top-emission organic light emitting diodes with ZnS/Ag/ZnS structure.* In: Proceedings of SPIE, Bd. 6766, 2007, 676603.

[167] J. Meyer, P. Goerrn, F. Bertram, S. Hamwi, T. Winkler, H.-H. Johannes, T. Weimann, P. Hinze, T. Riedl, W. Kowalsky: *Al_2O_3/ZrO_2 Nanolaminates as Ultrahigh Gas-Diffusion Barriers – A Strategy for Reliable Encapsulation of Organic Electronics.* Adv. Mater. **21** (2009) 18, 1845–1849.

[168] J. Meyer, D. Schneidenbach, T. Winkler, S. Hamwi, T. Weimann, P. Hinze, S. Ammermann, H.-H. Johannes, T. Riedl, W. Kowalsky: *Reliable thin film encapsulation for organic light emitting diodes grown by low-temperature atomic layer deposition*. Appl. Phys. Lett. **94** (2009) 23.

[169] A. Holleman, E. Wiberg, N. Wiberg: Lehrbuch der anorganischen Chemie. Walter de Gruyter 1995.

[170] H. Heil, J. Steiger, S. Karg, M. Gastel, H. Ortner, H. Von Seggern, M. Stößel: *Mechanisms of injection enhancement in organic light-emitting diodes through an Al/LiF electrode*. J. Appl. Phys. **89** (2001), 420.

[171] T. Mori, H. Fujikawa, S. Tokito, Y. Taga: *Electronic structure of 8-hydroxyquinoline aluminum/LiF/Al interface for organic electroluminescent device studied by ultraviolet photoelectron spectroscopy*. Appl. Phys. Lett. **73** (1998) 19, 2763–2765.

[172] M. Thomschke, S. Hofmann, S. Olthof, M. Anderson, H. Kleemann, M. Schober, B. Lüssem, K. Leo: *Improvement of voltage and charge balance in inverted top-emitting organic electroluminescent diodes comprising doped transport layers by thermal annealing*. Appl. Phys. Lett. **98** (2011) 8.

[173] Q. Huang, K. Walzer, M. Pfeiffer, K. Leo, M. Hofmann, T. Stübinger: *Performance improvement of top-emitting organic light-emitting diodes by an organic capping layer: An experimental study*. J. Appl. Phys. **100** (2006) 6, 064507.

[174] C.-C. Wu, C.-L. Lin, P.-Y. Hsieh, H.-H. Chiang: *Methodology for optimizing viewing characteristics of top-emitting organic light-emitting devices*. Appl. Phys. Lett. **84** (2004) 20, 3966–3968.

[175] Y. Tak, K. Kim, H. Park, K. Lee, J. Lee: *Criteria for ITO (indium-tin-oxide) thin film as the bottom electrode of an organic light emitting diode*. Thin Solid Films **411** (2002) 1, 12–16.

[176] R. Joshi, V. Singh, J. McClure: *Characteristics of indium tin oxide films deposited by RF magnetron sputtering*. Thin Solid Films **257** (1995) 1, 32–35.

[177] T. Gorjanc, D. Leong, C. Py, D. Roth: *Room temperature deposition of ITO using RF magnetron sputtering*. Thin Solid Films **413** (2002) 1-2, 181–185.

[178] M. Bender, J. Trube, J. Stollenwerk: *Characterization of a RF/DC-magnetron discharge for the sputter deposition of transparent and highly conductive ITO films*. Applied Physics A **69** (1999), 397–401.

[179] H. Kim, D. Kim, K. Lee, M. Huh, S. Jeong, K. Kim, T. Seong: *Plasma damage-free sputtering of indium tin oxide cathode layers for top-emitting organic light-emitting diodes*. Appl. Phys. Lett. **86** (2005) 18, 183503–183503.

[180] T. Gil, C. May, S. Scholz, S. Franke, M. Toerker, H. Lakner, K. Leo, S. Keller: *Origin of damages in OLED from Al top electrode deposition by DC magnetron sputtering*. Org. Electron. **11** (2010) 2, 322–331.

[181] K. Seal, M. Nelson, Z. Ying, D. Genov, A. Sarychev, V. Shalaev: *Growth, morphology, and optical and electrical properties of semicontinuous metallic films*. Phys. Rev. B **67** (2003) 3, 035318.

[182] K. Chopra, S. Major, D. Pandya: *Transparent conductors–a status review*. Thin Solid Films **102** (1983) 1, 1–46.

[183] S. Ishibashi, Y. Higuchi, Y. Ota, K. Nakamura: *Low resistivity indium-tin oxide transparent conductive films. II. Effect of sputtering voltage on electrical properties of films*. J. Vac. Sci. Technol A **8** (1990) 3, 1403–1406.

[184] M. Kröger: Device and Process Technology for Full-Color Active-Matrix OLED Displays. Dissertation, Technische Universität Braunschweig, 2007.

[185] P. Görrn, M. Sander, J. Meyer, M. Kroeger, E. Becker, H. Johannes, W. Kowalsky, T. Riedl: *Towards see-through displays: Fully transparent thin-film transistors driving transparent organic light-emitting diodes*. Adv. Mater. **18** (2006) 6, 738–741.

[186] H. Chiang, J. Wager, R. Hoffman, J. Jeong, D. Keszler: *High mobility transparent thin-film transistors with amorphous zinc tin oxide channel layer*. Appl. Phys. Lett. **86** (2005), 013503.

[187] P. Görrn, P. Holzer, T. Riedl, W. Kowalsky, J. Wang, T. Weimann, P. Hinze, S. Kipp: *Stability of transparent zinc tin oxide transistors under bias stress*. Appl. Phys. Lett. **90** (2007) 6, 063502–063502.

[188] D. Young, H. Moutinho, Y. Yan, T. Coutts: *Growth and characterization of radio frequency magnetron sputter-deposited zinc stannate, ZnSnO, thin films*. J. Appl. Phys. **92** (2002), 310.

[189] M. Jayaraj, K. Saji, K. Nomura, T. Kamiya, H. Hosono: *Optical and electrical properties of amorphous zinc tin oxide thin films examined for thin film transistor application*. J. Vac. Sci. Technol. B **26** (2008), 495.

[190] H. Schmidt, T. Winkler, I. Baumann, S. Schmale, H. Flügge, H.-H. Johannes, S. Hamwi, T. Rabe, T. Riedl, W. Kowalsky: *Indium-free bottom electrodes for inverted organic solar cells with simplified cell architectures*. Appl. Phys. Lett. **99** (2011) 3, 033304.

[191] H. Kim, D. Kim, K. Lee, M. Huh, S. Jeong, K. Kim, H. Kim, D. Han, J. Kwon: *Plasma damage-free deposition of Al cathode on organic light-emitting devices by using mirror shape target sputtering*. Appl. Phys. Lett. **85** (2004), 4295.

[192] B. Karlsson, E. Valkonen, T. Karlsson, C. Ribbing: *Materials for solar-transmitting heat-reflecting coatings*. Thin Solid Films **86** (1981) 1, 91–98.

[193] A. Indluru, T. Alford: *Effect of Ag thickness on electrical transport and optical properties of indium tin oxide–Ag–indium tin oxide multilayers*. J. Appl. Phys. **105** (2009) 12, 123528–123528.

[194] X. Liu, X. Cai, J. Qiao, J. Mao, N. Jiang: *The design of ZnS/Ag/ZnS transparent conductive multilayer films*. Thin Solid Films **441** (2003) 1-2, 200–206.

[195] C. Guillén, J. Herrero: *ITO/metal/ITO multilayer structures based on Ag and Cu metal films for high-performance transparent electrodes*. Sol. Energ. Mat. Sol C. **92** (2008) 8, 938–941.

[196] M. Arbab: *The base layer effect on the d.c. conductivity and structure of direct current magnetron sputtered thin films of silver*. Thin Solid Films **381** (2001) 1, 15 – 21.

[197] H. Han, N. Theodore, T. Alford: *Improved conductivity and mechanism of carrier transport in zinc oxide with embedded silver layer*. J. Appl. Phys. **103** (2008), 013708.

[198] D. Sahu, S. Lin, J. Huang: *Investigation of conductive and transparent Al-doped ZnO/Ag/Al-doped ZnO multilayer coatings by electron beam evaporation*. Thin Solid Films **516** (2008) 15, 4728–4732.

[199] M. Fahland, P. Karlsson, C. Charton: *Low resisitivity transparent electrodes for displays on polymer substrates*. Thin Solid Films **392** (2001) 2, 334–337.

[200] D. Sahu, S. Lin, J. Huang: *ZnO/Ag/ZnO multilayer films for the application of a very low resistance transparent electrode*. Appl. Surf. Sci. **252** (2006) 20, 7509–7514.

[201] J. Leng, Z. Yu, W. Xue, T. Zhang, Y. Jiang, J. Zhang, D. Zhang: *Influence of Ag thickness on structural, optical, and electrical properties of ZnS/Ag/ZnS multilayers prepared by ion beam assisted deposition*. J. Appl. Phys. **108** (2010), 073109.

[202] H. Sahm, C. Charton, R. Thielsch: *Oxidation behaviour of thin silver films deposited on plastic web characterized by spectroscopic ellipsometry (se)*. Thin Solid Films **455-456** (2004), 819 – 823.

[203] P. Johnson, R. Christy: *Optical constants of the noble metals*. Phys. Rev. B **6** (1972) 12, 4370.

[204] P. Zhao, W. Su, R. Wang, X. Xu, F. Zhang: *Properties of thin silver films with different thickness.* Physica E **41** (2009) 3, 387–390.

[205] A. Maaroof, G. Smith: *Effective optical constants of nanostructured thin silver films and impact of an insulator coating.* Thin Solid Films **485** (2005) 1-2, 198 – 206.

[206] D. Zhang, P. Wang, R. Murakami, X. Song: *Effect of an interface charge density wave on surface plasmon resonance in ZnO/Ag/ZnO thin films.* Appl. Phys. Lett. **96** (2010) 23, 233114–233114.

[207] P. Wang, D. Zhang, D. Kim, Z. Qiu, L. Gao, R. Murakami, X. Song: *Enhancement of light transmission by coupling to surface plasmon polaritons of a layer-plus-islands silver layer.* J. Appl. Phys. **106** (2009) 10, 103104–103104.

[208] G. Haacke: *New figure of merit for transparent conductors.* J. Appl. Phys. **47** (1976) 9, 4086–4089.

[209] J. Meyer, P. Görrn, S. Hamwi, H.-H. Johannes, T. Riedl, W. Kowalsky: *Indium-free transparent organic light emitting diodes with Al doped ZnO electrodes grown by atomic layer and pulsed laser deposition.* Appl. Phys. Lett. **93** (2008), 073308.

[210] G. Gu, V. Bulović, P. Burrows, S. Forrest, M. Thompson: *Transparent organic light emitting devices.* Appl. Phys. Lett. **68** (1996), 2606.

[211] Y.-Y. Choi, K.-H. Choi, H. Lee, H. Lee, J.-W. Kang, H.-K. Kim: *Nano-sized Ag-inserted amorphous $ZnSnO_3$ multilayer electrodes for cost-efficient inverted organic solar cells.* Sol. Energ. Mat. Sol C. **95** (2011) 7, 1615 – 1623.

[212] J. Meyer, S. Hamwi, T. Bülow, H.-H. Johannes, T. Riedl, W. Kowalsky: *Highly efficient simplified organic light emitting diodes.* Appl. Phys. Lett. **91** (2007) 113506, 1–3.

[213] R. Haug, O. Weiss, R. Krause, R. Paetzold: *Organic thin film devices for displays and lighting.* In: Advances in Solid State Physics, Bd. 46 von *Advances in Solid State Physics*, 321–332. Springer Berlin / Heidelberg 2007.

Häufig verwendete Abkürzungen

ALD	engl.: *atomic layer deposition*, Atomlagenabscheidung
CIE	franz.: *Commission Internationale de l'Éclairage*
CRI	engl.: *color rendering index*
EIL	engl.: *electron injection layer*
EL	engl.: *emission layer*
ETL	engl.: *electron transport layer*
FWHM	engl.: *full widht at half maximum*
IC	engl.: *internal conversion*
ISC	engl.: *intersystem crossing*
ITO	engl.: *indium tin oxide*, Indium-Zinn-Oxid
HIL	engl.: *hole injection layer*
HOMO	engl.: *highest occupied molecular orbital*
HTL	engl.: *hole transport layer*
LUMO	engl.: *lowest unoccupied molecular orbital*
MBE	engl.: *molecular beam epitaxy*
MO	engl.: *molecular orbital*
OLED	engl.: *organic light-emitting diode*
OMBD	engl.: *organic molecular beam deposition*
OSC	engl.: *organic solar cell*
PL	Photolumineszenz
PLD	engl.: *pulsed laser deposition*
PVD	engl.: *physical vapor deposition*
REM	Rasterelektronenmikroskopie
SIMS	Sekundärionenmassenspektrometrie
SMU	engl.: *source measure unit*
TEM	Transmissionselektronenmikroskopie
UHV	Ultrahochvakuum
VIS	engl.: *visible spectral range*, sichtbarer Spektralbereich
ZTO	engl.: *zinc tin oxide*, Zin-Zinn-Oxid

Liste der verwendeten Materialien

α-NPD	N,N'-Di(naphthalen-1-yl)-N,N'-diphenyl-benzidin
TCTA	4,4',4"-Tris(carbazol-9-yl)-triphenylamine
TPBi	1,3,5-Tris(N-phenylbenzimidazole-2-yl)-benzene
BPhen	4,7-Diphenyl-1,10-phenanthroline
NBPhen	2,9-Di(naphthalen-2-yl)-4,7-diphenyl-1,10-phenanthrolin
Spiro-2CBP	2,7-bis(carbazo-9-yl)-9,9-ditolyfluorene
MADN	2-methyl-9,10-di(2-naphthyl)-anthracene
$Ir(ppy)_3$	Fac Tris(2-phenylpyridine)iridium
DPAVBi	1,4-Bis(2-(4-(N,N-di(p-tolyl)amino)phenyl)vinyl)benzen
$Ir(MDQ)_2(acac)$	Iridium(III)bis(2-methyldibenzo-[f,h]quinoxaline)(acetylacetonate)
Cs_2CO_3	Cäsiumcarbonat
MoO_3	Molybdänoxid

Im Rahmen dieser Arbeit entstandene Veröffentlichungen

Publikationen

1. J. Meyer, T. Winkler, S. Hamwi, S. Schmale, H.-H. Johannes, T. Riedl, W. Kowalsky: *Transparent Inverted OLEDs with Tungsten Oxide Buffer Layer*. Adv. Mater. 20 **3839** (2008).

2. J. Meyer, D. Schneidenbach, T. Winkler, S. Hamwi, T. Weimann, P. Hinze, S. Ammermann, H.-H. Johannes, T. Riedl, W. Kowalsky: *Reliable Thin Film Encapsulation for Organic Light Emitting Diodes grown by Low-Temperature Atomic Layer Deposition*. Appl. Phys. Lett. 94, **233305** (2009).

3. D. Schneidenbach, J. Meyer, P. Görrn, S. Hamwi, T. Winkler, S. Ammermann, T. Riedl, H.-H. Johannes, W. Kowalsky: *Transparent OLED Displays: Technology Development (Invited)*. Proceedings of the 29th International Display Research Conference, EURO-DISPLAY 2009, Rome, Italy, p.154 157 (2009).

4. S. Hamwi, J. Meyer, S. Schmale, T. Winkler, H.-H. Johannes, T. Riedl, W. Kowalsky: *Light Emitting Organic p-i-n Homo Diodes Based on Chemically Doped Wide Band Gap Materials*. International Conference on Materials for Advanced Technologies IC-MAT 2009, Singapore, Symposium N, p. 43 (2009).

5. J. Meyer, D. Schneidenbach, P. Görrn, F. Bertram, T. Winkler, S. Hamwi, H.-H. Johannes, T. Riedl, W. Kowalsky, P. Hinze, T. Weimann: *Highly-Efficient Gas Diffusion Barriers Based on Nanolaminates Prepared by Low-Temperature ALD*. SID Digest of Technical Papers 40, **1706** (2009).

6. J. Meyer, S. Hamwi, S. Schmale, T. Winkler, H.-H. Johannes, T. Riedl, W. Kowalsky: *A strategy towards p-type doping of organic materials with HOMO levels beyond 6 eV using tungsten oxide*. J. Mater. Chem. 19, **702** (2009).

7. J. Meyer, P. Görrn, F. Bertram, S. Hamwi, T. Winkler, H.-H. Johannes, T. Weimann, P. Hinze, T. Riedl, W. Kowalsky: *Al_2O_3/ZrO_2 nanolaminates as ultra-high gas diffusion barriers - a strategy for reliable encapsulation of organic electronics*. Adv. Mater. 21 **1845** (2009).

8. H. Schmidt, H. Flügge, T. Winkler, T. Bülow, T. Riedl W. Kowalsky: *Efficient semitransparent inverted organic solar cells with indium tin oxide top electrode*. Appl. Phys. Lett. **94**, 243302 (2009).

9. H. Schmidt, T. Winkler, M. Tilgner, H. Flügge, S. Schmale, T. Bülow, J. Meyer, T. Riedl, H.-H. Johannes W. Kowalsky: *Semi-transparent inverted organic solar cells*. Proc. SPIE **7416**, 741611 (2009).

10. S. Hamwi, J. Meyer, T. Winkler, T. Riedl, W. Kowalsky: *P-type doping efficiency of MoO_3 in organic hole transport materials* Appl. Phys. Lett. 94, **253307** (2009).

11. T. Riedl, T. Winkler, H. Schmidt, J. Meyer, D. Schneidenbach, H.-H. Johannes, W. Kowalsky, T. Weimann, P. Hinze: *Reliability aspects of organic light emitting diodes*. IEEE International Reliability Physics Symposium, Anaheim (USA), 327-333 (2010).

12. S. Hamwi, J. Meyer, M. Kröger, T. Winkler, M. Witte, T. Riedl, A. Kahn, W. Kowalsky: *The role of transition metal oxides in charge generation layers for stacked organic light emitting diodes* Adv. Funct. Mater. 20, **1762** (2010).

13. T. Winkler, H. Schmidt, H. Flügge, F. Nikolayzik, I. Baumann, S. Schmale, T. Weimann, P. Hinze, H.-H. Johannes, T. Rabe, S. Hamwi, T. Riedl, W. Kowalsky: *Efficient large area semitransparent organic solar cells based on highly transparent and conductive ZTO/Ag/ZTO multilayer top electrodes*. Org. Electron. **12**, 1612 (2011).

14. T. Winkler, H. Schmidt, H. Flügge, F. Nikolayzik, I. Baumann, S. Schmale, H.-H. Johannes, T. Rabe, S. Hamwi, T. Riedl, W. Kowalsky: *Realization of ultrathin silver layers in highly conductive and transparent ZTO/Ag/ZTO multilayer electrodes deposited at room temperature for organic devices*. Thin Solid Films, *in press*, (2011)

15. H. Schmidt, T. Winkler, I. Baumann, S. Schmale, H. Flügge, H.-H. Johannes, S. Hamwi, T. Rabe, T. Riedl, W. Kowalsky: *Indium-free bottom electrodes for inverted organic solar cells with simplified cell architectures*. Appl. Phys. Lett. **99**, 033304 (2011).

Tagungsbeiträge

1. *J. Meyer, T. Winkler, S. Hamwi, S. Schmale, M. Kröger, P. Görrn, H.-H. Johannes, T. Riedl, E. Lang, D. Becker, T. Dobbertin, W. Kowalsky:* Highly efficient fully transparent inverted OLEDs SPIE Optics + Photonics, San Diego, USA (2007).
2. S. Hamwi, T. Winkler, M. Witte, J. Meyer, T. Riedl, W. Kowalsky: *Electrical and Optical Limitations of Stacked OLEDs and their Interconnecting Units.* MRS Fall Meeting, Boston, USA (2008).
3. J. Meyer, S. Schmale, S. Hamwi, T. Winkler, H.-H. Johannes, T. Riedl, W. Kowalsky: *Electrochemical p-Type Doping of Organic Hole Transport Materials with Deep Lying HOMO Levels.* 14th International Workshop on Inorganic and Organic Electroluminescence, Rome, Italy, (2008).
4. S. Hamwi, J. Meyer, S. Schmale, T. Winkler, H.-H. Johannes, T. Riedl, W. Kowalsky: *Light Emitting Organic p-i-n Homo Diodes Based on Chemically Doped Wide Band Gap Materials.* International Conference on Materials for Advanced Technologies, Singapore (2009).
5. T. Winkler, J. Meyer, D. Schneidenbach, P. Görrn, F. Bertram, S. Hamwi, H.-H. Johannes, T. Riedl, W. Kowalsky, P. Hinze, T. Weimann: *Highly-Efficient Gas Diffusion Barriers Based on Nanolaminates Prepared by Low-Temperature ALD.* SID, San Antonio, USA (2009).
6. H. Schmidt, T. Winkler, M. Tilgner, H. Flügge, S. Schmale, T. Bülow, J. Meyer, T. Riedl, H.-H. Johannes W. Kowalsky: *Semi-transparent inverted organic solar cells.* SPIE Optics + Photonics, San Diego, USA (2009).
7. T. Winkler, S. Hamwi, H.-H. Johannes, W. Kowalsky: *Simulation von OLEDs mit ETFOS/SETFOS.* 4. Workshop Optische Technologien - Schwerpunkt Simulation, Hannover (2010).
8. T. Riedl, H. Schmidt, T. Winkler, H. Flügge, W. Kowalsky: *Thin Film Encapsulation of Inverted and Semitransparent Organic Solar Cells Using Atomic Layer Deposition.* MRS spring meeting, San Francisco, USA (2010).
9. H. Schmidt, S. Schmale, R. De Silva, T. Winkler, H. Flügge, T. Riedl, W. Kowalsky: *Transient Photovoltaic Characteristics of Inverted Polymer Solar Cells Employing Titaniumoxide Interlayers.* MRS spring meeting, San Francisco, USA (2010).
10. T. Riedl, J. Meyer, H. Schmidt, T. Winkler, W. Kowalsky: *Thin Film Encapsulation of Top-Emitting OLEDs Using Atomic Layer Deposition.* Solid-State and Organic

Lighting (SOLED) - LED Technology and Characterization II (SOWB), Karlsruhe (2010).

11. T. Riedl, T. Winkler, H. Schmidt, J. Meyer, D. Schneidenbach, H.-H. Johannes, W. Kowalsky, T. Weimann, P. Hinze: *Reliability aspects of organic light emitting diodes*. IEEE International Reliability Physics Symposium, 2.-6. Mai, Anaheim, USA (2010).

12. H. Schmidt, T. Winkler, F. Nikolayzik, I. Baumann, T. Riedl, H. Flügge, S. Schmale, T. Rabe, S. Hamwi, W. Kowalsky: *Novel multilayer electrodes for semitransparent solar cells*. Winter School of Organic Electronics, 9.-12. Dezember, Heidelberg (2010).

13. H. Schmidt, T. Winkler, T. Riedl, I. Baumann, H. Flügge, S. Schmale, H.-H. Johannes, T. Rabe, S. Hamwi, W. Kowalsky: *Highly transparent and conductive ZTO/Ag/ZTO multilayer top electrodes for large area organic solar cells*. E-MRS spring meeting, Nizza, Frankreich (2011)

14. T. Winkler, H. Schmidt, T. Riedl, I. Baumann, F. Nikolayzik, H.-H. Johannes, T. Rabe, S. Hamwi, W. Kowalsky: *Realization of ultrathin silver layers in highly conductive and transparent ZTO/Ag/ZTO multilayer electrodes deposited at room temperature for organic devices*. E-MRS spring meeting, Frankreich (2011)

15. T. Winkler, H. Schmidt, T. Riedl, I. Baumann, H. Flügge, S. Schmale, T. Bülow, H.-H. Johannes, T. Rabe, S. Hamwi, W. Kowalsky: *Realization of Ultrathin Silver Layers in Highly Conductive and Transparent ZTO/Ag/ZTO Multilayer Top Electrodes for Large Area Organic Solar Cells*. International Conference on Materials for Advanced Technologies, Singapur (2011).